13歳からの環境問題

「気候正義」の声を上げ始めた若者たち

志葉 玲

かもがわ出版

はじめに

この本を手にとった皆さん、特にまだ子どもか、若者である皆さんに、なぜ、環境問題について知ってもらいたいのか――いや、むしろ皆さんは知る権利があると言うべきかもしれません。それは環境問題に皆さんも含めた社会全体で取り組むか否かで、皆さんの人生が大きく変わるからです。そして、その明暗を分けるのは、これから10年のほどの取り組みだと言えます。正直なところ、もう、あまり時間がないのです。

現代社会に生きている以上、誰でも環境問題の当事者です。皆さんが、スマホを使ったり、テレビを見たり、冷暖房を使ったり、車や飛行機などの乗り物に乗ったり、肉や魚、お米やパン、野菜、お菓子を食べたり、お風呂に入ったり、洗濯をしたり……全ての行動が、多かれ少なかれ、環境に負荷をかけています。「それならどうしたいいの？　何もできないよ！」――そう、皆さんは思うかもしれません。あるいは「マイ箸を持ったり、ゴミを分別したりすることがいいのかも？」と思うのかもしれません。確かに個人として、むだをなくし、環境のためにできることをやることは、とても大切なことです。ただ、残念ながら、個人の努力だけでは不十分です。なぜなら、現在の社会・経済のシステム自体が環境に良くないからです。だから、個人の行動だけではなく、社会や経済のあり方、システム全体を変えていくことが大切です。

この本が出版され、皆さんの手元に届く頃は、1970年、アメリカ合衆国で毎年4月22日を「地球の日」＝アースデイとして、環境問題を考え、行動しようとゲイロード・ネルソン上院議員が呼びかけてから、ちょうど50年になります。今、環境問題はますます深刻なものとなってしまっていますが、同時にこのままではいけないと行動する人々も増え、新しい技術やライフスタイルも生まれました。確かに、状況はきわめて深刻ですが、まだ希望はあります。

この本では、いくつもの環境問題の中から、特に重大な危機と言えるものや、最近、国際社会の中で大きな話題となっているものを選び、何が起きているかを解説します。そして、それらの問題に対して、どうしたら良いのかも、できるだけ伝えるつもりです。もちろん、この本だけで全てを語ることはできませんが、皆さんがこれからもっと知識を身につけ、自分たちの未来のために行動する上で、この本が役に立つことを筆者として願っております。

ジャーナリスト　志葉　玲

13歳からの環境問題

「気候正義」の声を上げ始めた若者たち

もくじ

グローバル気候マーチに参加した若者たち

装丁　加門　啓子

第一章

最大の危機・地球温暖化、立ち上がった若者たち

1. 地球温暖化とは何か、どのくらい深刻なのか

今、私たち人類が直面している環境問題の中でも、最大の脅威だと言えるのが、地球温暖化（＝気候変動）です。これは、人間が CO_2（二酸化炭素）やメタン、フロンなどの温室効果ガスを排出し、それによって大気中での濃度が高まることで、太陽からの熱が地球の外に逃げにくくなり、世界の平均気温が上昇していく、という現象です。例えるなら、地球に分厚い毛布をかけ、熱がこもっていくようなものです。人間がその活動により出す温室効果ガスには、いくつもの種類がありますが、圧倒的に多いのは、石油や石炭、天然ガスなどの化石燃料を燃やした時に排出される CO_2 です。人類が進化をとげた約２５８万〜約1万年前までの更新世の時代は平均で２５０ppmであった大気中の CO_2

濃度は、現在、415ppmまで増加しているのです（2019年5月、米国海洋大気庁）。

温暖化が進行すると、様々な問題が起きます。温暖化についての情報をまとめる世界各国の科学者たちの組織「国連気候変動に関する政府間パネル」（IPCC）の第5次報告書は、温暖化進行の将来起きうる問題として、次のようなものをあげています。

・南極や北極周辺の氷が溶けて海面上昇、沿岸での高潮被害
・大都市部への洪水による被害
・極端な気象現象によるインフラなどの機能停止
・熱波による、熱中症や疫病の増加
・気温上昇や干ばつなどによる食料不足
・干ばつによる飲料水、農業用水の不足
・海の生物多様性の損失と漁業への打撃
・陸や淡水の生態系での、生物多様性の損失

IPCCによれば、産業革命が本格化してきた1880年代から2017年までに、世界平均気温は約1度上昇しているとのことです。温暖化による影響はすでに現実のものとなっており、各地の気温上昇や、熱波や干ばつ、山火事、洪水、強力な台風などの異常気象による影響は、生態系や人類に

対して著しい影響を及ぼしているとも、第5次報告書で述べられています。

温暖化による破局的な被害を避けるためには、産業革命以前からの世界平均気温の上昇を、できれば１・５度以内、どんなに高くても2度以内にとどめなくてはいけません。これは、２０１５年12月に採択された全世界的な温暖化対策の国際的な協定「パリ協定」で定められた目標です。

そして、２０１８年10月にＩＰＣＣが発表した報告書『１・５度の地球温暖化』は、１・５度と2度では、穀物の収穫、干ばつ、絶滅する生物の種の数などで大きな差があるとしています。海面上昇で被害を受ける人口は１・５度の場合より2度のほうが1千万人多く、水不足の影響を受ける人口が50%増加、農業、漁業の経済的リスクが高まり、２０５０年に数億人が貧困に陥るとのことです。また、様々な生き物の住処や産卵場所となるなど、海の生態系の中で重要な役割を担っているサンゴ礁は、水温の変化に影響を受けやすく、１・５度上昇の場合、サンゴ礁は70～90%減少しますが、2度上昇の場合、サンゴ礁は99%超が死滅してしまうとされています。

世界平均気温の上昇を１・５度以内に抑えるためには、人間の活動で排出されるCO_2の量を２０３０年には２０１０年比で45パーセント抑え、２０５０年には実質ゼロにしなければいけません。世界全体で、石油や石炭、天然ガスなどの化石燃料を使うことを止め、太陽光や風力などの再生可能エネルギーを使うようにしていくなど、社会や経済のあり方を根本から変えていく必要があります。

しかし、パリ協定を受けて各国が掲げているCO_2排出削減目標では、とうてい不十分であり、最悪の場合、今世紀末に世界平均気温は４・４度も上昇してしまうとＩＰＣＣは警告しています。困ったことに、中国に次ぐ世界最大規模のCO_2排出国である米国で、温暖化対策に後ろ向きなドナルド・トランプ氏が大統領となり、パリ協定からも離脱しようとしています。このままでは、私たち人類と地球の生き物たちの未来はとても暗いものになってしまいます。絶望的とも言える状況の中、ある少女がたった一人で始めた活動が、世界各地の子どもたちや若者たちの共感を呼び、国際社会をも動かし始めました。

2. 世界の子どもたち・若者たちが声を上げ始めた！

北欧スウェーデン人の少女、グレタ・トゥーンベリさんが、温暖化防止を訴えるプラカードを手に、スウェーデンの国会の前で座り込みを始めたのは、２０１８年8月20日、まだ彼女が15歳の時でした。それから、同年9月9日のスウェーデン総選挙までは毎日、それ以降は毎週金曜日に、「気候のための学校ストライキ」として、学校を休んで座り込みを続けたのです。学校を休んでのグレタさんの抗議には、当初から批判的な意見もありました。しかし、グレタさんはメディアの取材に流暢な英語で、こう反論しました。「私は何も困っていません。教科書を持ってきて、ここ（国会の前）で勉強しています」「ただ、勉強することに意味があるのか、とも考えてしまいます。（地球温暖化の）事実が事実として受け入れられず、政治家たちは、科学者たちの警告に耳を貸しません。そのような大人になるのなら、学校で学ぶことに何の意味があるのでしょう?」。

グレタさんの座り込みは、各国のテレビや新聞が大きく取り上げ、ソーシャルメディアなどインターネットでも広がり、各国の子どもたちや若者たちの共感を得ました。「私たちの未来が燃えているのに、大人たちは何も行動を起こさない」―グレタさんが言うように、子どもたちや若者たちは、温暖化を自分たちの命運を左右する問題として受け止め始めたのです。グレタさんは、大人たちの心もまた大きく動かしました。2018年12月に「第24回気候変動枠組条約締約国会議」、そして2019年1月23日には「世界経済フォーラム」など、世界の政治家や企業トップがあつまる会合にグレタさんは招かれ、スピーチを行ってきました。これらの活動により「もうひとつのノ

グレタ・トゥーンベリさんのインスタグラムより

ーベル賞」と呼ばれ、人権や環境保護などの分野に貢献（こうけん）した人物に贈られる「ライト・ライブリフッド賞」が、２０１９年９月、グレタさんに授与されました。

グレタさんの活動をきっかけに、世界の子どもたち・若者たちも声を上げ始めました。近年、深刻な干ばつや山火事などに悩（なや）まされ続けているオーストラリアでは２０１８年11月、約1万５０００人の子どもたちが一斉に学校を休み、同国政府が石炭や天然ガスの新規開発をやめるよう求めました。スイスやドイツ、イギリスなどでも次々に子どもたちが温暖化防止を訴え、数万人規模で「気候のための学校ストライキ」を行いました。グレタさんが金曜日に国会前に座り込むことから、こうした子どもたち・若者たちの活動は、Fridays For Future（フライデイズ・フォー・フューチャー／未来のための金曜日）と呼ばれるようになりました。

２０１９年3月15日、国際同時アクションデーやその前後では、米国や欧州、中南米やアジア、アフリカなど、ほぼ世界中１２５カ国で子ども・若者たちおよそ１４０万人が、「私たちの未来を燃やすな！」「子どもたちは気候正義を求める」「地球の代わりは無い」などのプラカードを掲げ、大人たちに温暖化防止への具体的な行動を迫ったのでした。

さらに、２０１９年9月20～27日にかけて、米国のニューヨークで開催された国連気候行動サミット２０１９や国連総会にあわせ、全世界的なアクション「グローバル気候ストライキ」が行われました。１８５カ国の７６０万人、米国、インドネシア、オーストラリア、ドイツ、トルコ、メキシコ、ヨルダン… 世界各国の大都市から小さな村々に至るまで、デモや集会に人々が参加した史上最大級のアピールとなったのです。

日本でも「グローバル気候マーチ」として、東京や静岡、京都、大阪、兵庫など23都道府県で5079人が関連イベントに参加。東京では、約2800人が集まり、渋谷の街を練り歩きました。都内の高校に通っているという少女たちは、「学校の友たちと一緒に来ました」「インスタグラムでグローバル気候マーチのことを知って、参加したいと思いました」と言います。また、ウインタースポーツ関連の企業に勤めるという女性は「温暖化で雪がなくなると困りますから。会社の皆と参加しました」と語りました。

グローバル気候マーチを東京で呼びかけた団体の中心的存在「Fridays For Future Tokyo（フライデイズ・フォー・フューチャー・トウキョウ）」のメンバーの一人で、都内の高校に通う酒井功雄

フライデイズ・フォー・フューチャー・トウキョウ／未来のための金曜日の行動

さん（18歳）は、交換留学で米国の高校にいた時に、環境問題の授業で地球温暖化の深刻さを知ったと言います。「将来、自分の子どもに、あなたは何をやっていたの？　と聞かれることになる、というグレタさんの言葉で考えさせられました」。酒井さんは帰国後、ボランティアとして環境NGOの活動に参加、その中で「Fridays For Future Tokyo」のメンバーになったそうです。

同じく、都内の高校に通う末岡桜・ウナ・マリさん（16歳）は「今年2月に、私が初めて参加した時はごくわずかな人数しか集まりませんでした。でも、今日はすごくたくさんの人々が参加してくれてびっくりです」と言います。帰国子女である末岡さんは自身のいたフランスで、グレタさんに賛同する子どもたちや若者たちのデモが盛り上がっていることから、日本でもそうした動きがないかと考え、当時、都内の学生たちによっ

2019年の「グローバル気候マーチ（渋谷）」その1

て立ち上げられたばかりの「Fridays For Future Japan」に参加。その後、日本全国で「Fridays For Future」の名を冠する若者・学生団体が立ち上げられたため、「Fridays For Future Japan」は、「Fridays For Future Tokyo」に改称したとのこと。同団体は、国際アクションデーにあわせ、今年3月、5月に東京で気候正義を求めるアピールを行ってきましたが、その時の参加者数はいずれも200〜300人ほどでした。しかし、渋谷でのグローバル気候マーチは、日本でも温暖化防止を求める声が高まりつつあるのを感じさせるものでした。

3.「気候正義」という新たな概念

グレタさんたち、温暖化の防止を求める子ども・若者たちの訴えにより、世界に広まっているのが、「気候正義」という概念です。気候正義とは何か。

2019年の「グローバル気候マーチ（渋谷）」その2

わかりやすく言うならば、温暖化を促進させてきた国々や世代が、自らの責任として温暖化対策に取り組むこと、とも言えるでしょう。

温暖化が進行する最大の原因は、先進国及び中国などの新興国が石油や石炭などの化石燃料を大量消費していることです。研究者やＮＧＯによる調査報告「AFTER PARIS」によれば、世界で最も豊かな10％の人間が、温室効果ガス全体の約半分を排出しているとのこと。その一方で、世界人口の半分を占める貧困層の温室効果ガスの排出量は全体の1割にすぎないのです。それにもかかわらず、温暖化の進行によって、最も深刻な影響を被るのは、途上国の貧しい人々。彼らが依存する地域での農業や漁業が、温暖化によって成り立たなくなってきているのです。だからこそ、温暖化を促進してきた側が、温室効果ガス排出削減や温暖化の進行を食い止めるための中心的な役割を担

2019年の「グローバル気候マーチ（渋谷）」その3

うことが、気候正義として求められています。

その「気候正義」を求める行動を新たものへとアップデートし、一気に世界へ広めたと言えるのが、グレタさんたち、温暖化の防止を求める子ども・若者たちでしょう。未来の世代こそ、異常気象の頻発や環境の激変など温暖化の進行による災厄（さいやく）の最大の被害者となることを、自身の言葉と行動で訴えているのです。そうした子ども・若者たちの声に大人たちも驚き、これまでのような、ただお金もうけさえできればいいという考えを改め始めています。後の章でも取り上げますが、政治はもちろん、企業も温暖化防止へと舵（かじ）を切りつつあります。つまり、世の中を変えていくのは、権力やお金だけではなく、今後の世界はどうあるべきなのかというビジョン。気候正義は、そうした新たなビジョンとなりつつあります。

2019年の「グローバル気候マーチ（渋谷）」その4

4. グレタさん、国連気候行動サミットで演説

子ども・若者たちを中心に世界中で人々が温暖化防止を訴える中、2019年9月23日、米国のニューヨーク市で、各国の首脳たちが温暖化対策を話し合う、国連気候行動サミットが開催されました。その場で、演説を行ったのが、グレタさんでした。その4分間の演説全文を紹介します。

「私が言いたいことは『私たちはあなたたちを常に見ている』です。すべてが間違っています。私はここにいるべきではありません。私は大西洋の向こうで、学校にいるべきなのです。

それなのに、あなたたちは、若者に希望を求めている。よくもまあ、そんなことが言えますね！　あなたたちは、その空虚（くうきょ）な言葉で

演説するグレタさん（国連の公式 Youtube より）

私の子ども時代の夢を奪ったのです。でも、私はまだ運がいいほうです。人々は苦しみ命を落としています。生態系全体が崩壊しています。大絶滅が始まっているのに、あなたたちは、お金や、永遠に続く経済成長というおとぎ話ばかり。よく、言えたものです！

30年以上前から、科学的に明らかでした。よくもまあ、目を背け続け、必要な政策や解決策をとっていないのに、この場所で『十分にやってる』などと言えますね。若者の声に耳を傾け、緊急性もわかっていると言いますが、私が、どんなに悲しいか、どれほど怒っているかなど関係なく、私は信じたくありません。もし、この状況をわかっているのに、まだ行動を起こさないのであれば、あなたたちは邪悪です。だから私は、信じることを拒みます。

10年で（温室効果ガスの）排出量を半減しようとする一般的な案では（世界の）気温上昇が1・5度以内に留まる可能性は50％しかなく、人間には制御不能な連鎖反応が始まるリスクがあるのです。あなたたちは50％で納得いくかもしれません。でも、この数字は、（気候変動が急激に進む転換点を意味する）『ティッピング・ポイント』や、（温暖化の進行による）相乗効果、大気汚染による温暖化の進行、公平性や気候正義は含まれていません。この数字は、私たちの世代が、まだ存在しない技術を使って数千億トンものCO_2を吸収することをあてにしています。

50％のリスクは受け入れられません。その結果を背負って生きるのは私たちなのです。

ＩＰＣＣは、気温上昇を1・5度以内に抑えられる可能性を67％と試算しています。そのためには、２０１８年の1月1日以降、４２０ギガトン＊のCO_2しか排出できません。この数字が今、３５０ギガトン以下になっています。従来通りの対応と技術の活用で解決できるふりをするなんてあきれたものです。今の排出量では、8年半も経たないうちに残る許容量を超えてしまいます。
＊1ギガ＝10億

今ここに、この数字に対する解決策や計画はありません。この数字はあまりに不都合で正直にそう伝えられるほど、あなたたちは成熟していないからです。あなたたちは私たちを落胆させています。若者たちはあなたたちの裏切りに気付き始めています。すべての未来の世代の目は、あなたたちに向けられています。あなたたちが私たちを見捨てるのであれば、私たちは絶対許しません。

私たちはあなたたちを見逃しません。今まさにこの場所ではっきりさせましょう。世界は気付いています。あなたたちが、どう思おうと変化は起きているのです。ありがとうございました」

出典：国連広報センター、カッコ内注釈は筆者

5．グレタさんを批判する意地悪な大人たちへの反論

国連での演説でグレタさんのことが日本でも大きく取り上げられ、その活動が称賛される一方で、意地悪な大人たちも、特にインターネット上でグレタさんを批判しています。例えば、「子どもを利用する大人たちに操られているだけ」というもの。しかし、すでに述べてきたように、グレタさんは誰に言われたのでもなく、自分からたった一人で国会前での座り込みを始めました。そして未来の世代を守れというグレタさんの主張は、彼女一人だけのものではなく、今や世界各国の数百万人の子ども・若者たちの主張です。

「世の中は複雑だ。子どもに何がわかる?」という上から目線の批判もよく見かけます。しかし、グレタさんはいつも「政治家たちは科学者たちの警告を聞いて」と訴えています。そして温暖化に関する世界の超一流の科学者たちが、グレタさんら温暖化防止を叫ぶ子ども・若者の行動を支持する声明を発表しているのです。2019年4月、国際的な科学者グループ「Scientists for Future International」(未来のための科学者たち インターナショナル)の声明が、米国の著名な学術誌『サイエンス』に掲載されました。この声明では「若者の気候変動についての社会運動の壮大な規模の草の根の動員は、若者が状況を理解していることを示しています。我々は、彼らが求める急速で力強い行動を承認し、支持します」と述べられています。むしろ、グレタさんを批判する大人たちのほうが温暖化がどれほど深刻なのか、勉強が必要なのでしょう。

「豊かな先進国の人間が、貧しい国々が発展する権利を奪うのは傲慢」という批判もよく見かけますが、気候正義のところでも述べたように、あまり温室効果ガスを排出していない貧しい国々の人々こそが温暖化による悪影響を強く受けます。また、197カ国が署名した国連気候変動枠組条約(UNFCCC)の締約国会議で、2015年に、高所得18カ国が途上国における温暖化対策のために、年間1000億ドルの拠出を約束しています。

「温暖化の原因は人間の活動ではなく、太陽活動の変化」「CO2を排出しないから、と原発を推進したい人々が温暖化の脅威をあおっている」と主張する人々もいます。しかし、太陽の活動の変化はごくわずかで、それだけでは、すでに産業革命以前から世界平均気温が1度上昇していることは説明がつきません。また、今は、原発よりも太陽光や風力による再生可能エネルギーのほうが安く、早く普及できるため、温暖化防止のための原発推進という主張は成り立ちません。むしろ石油・石炭業界が科学者を買収し、温暖化懐疑論を主張させてきたという経緯もあります。

「本当に怖いのは寒冷化。氷河期がまもなくやってくる」という人もいますが、これまでの地球の気候の大きな周期から言えば、次の氷河期は何万年も後のことです。

日本に限らず、子ども・若者たちを見下す大人たちは一定数いるのですが、結局、自分たちの無知さや傲慢さをさらけだしているだけでしょう。実は、米国のトランプ大統領や、ロシアのプーチン大統領もグレタさんをやゆするような発言をしているのですが、それに対し、グレタさんはユーモアで切り返すなど、並外れた精神力の強さを見せつけています。

6. 国連気候行動サミットの成果は？

グレタさんが演説した国連気候行動サミットでは、何か成果があったのでしょうか。国連広報センターによれば、65カ国およびカリフォルニアなど自治体レベルの主要な経済圏が、２０５０年までに温室効果ガス排出量を正味ゼロにすることを誓い、70カ国は、2020年までに自国の行動計画を強化する予定、あるいは、すでに強化を開始していることを発表しました。具体的には、以下のことが発表／約束されたとのこと。

・フランスは、パリ協定に反する政策を採用する国と一切、貿易協定を締結しないことを発表。
・ドイツは、2050年までにカーボンニュートラル（CO2排出を実質ゼロ）を達成すると約束。
・12カ国が、開発途上国が気候変動に対処するための適応と緩和の実践を支援する金融メカニズム「緑の気候基金」への資金拠出を確約。これに先立ち、ノルウェー、ドイツ、フランス、英国は現在の拠出額を倍増すると発表。
・インドは、2022年までに再生可能エネルギーによる発電能力を175ギガワットへと増強し、その後、さらに450ギガワットへ拡大することを確約。＊1ギガワット＝原発1基分
・中国は、世界の排出量を120億トンまで削減するパートナーシップを発表。＊2018年の排出量は331億トン
・欧州連合（EU）は、次期EU予算の25%以上を温暖化対策に割り当てることを発表。
・ロシアがパリ協定の批准を発表し、これによって協定締約国の総数は187カ国となった。
・パキスタンは、今後5年間で100億本を超える植林を行うと発表。
・各国首脳が、CO2排出の大きな原因である石炭の段階的使用禁止に取り組むことを発表。

地球温暖化を1・5度未満に抑えるためには、全世界的な経済や社会の変革が必要であり、グテーレス国連事務総長が言うように、まだまだ道半ばではあるものの、少なくともグレタさんら若者たちがあげた声を、世界の首脳や大企業トップも無視できなかったということでしょう。そして、グレタさんは、今も各国を訪問、温暖化防止を訴え続けています。

第二章 温暖化による異常気象の猛威

1．温暖化による大雨、水害

ここ数年、立て続けに起きている異常気象による災害。温暖化とは、単に世界平均気温が上がるだけではなく、これまで「数十年に一度」と言われてきたような極端な異常気象、それによる大規模な災害が、毎年のように襲ってくるという、恐ろしさがあります。

国立環境研究所・地球環境研究センターの江守正多・副センター長も、温暖化と異常気象の関係について、警鐘を鳴らしている専門家の一人です。江守さんは、世界各国の政府関係者らが参考とするIPCC（気候変動に関する政府間パネル）の、第5次・第6次評価報告書の主執筆者でもあります。

江守さんは、「世界の平均気温が1度上がることにより、個々の異常気象が強くなっていると科学的に言えます」と指摘。温暖化の進行を放置するならば「異常気象が増え、豪雨被害や熱波による健康被害が増加します」と警告します。

「ＩＰＣＣの第5次評価報告書の評価では、大雨について、すでに起きている傾向としては『陸上で大雨が増えている地域が減っている地域よりも多い可能性が高い』（66％）と評価しています。今世紀末までに増える可能性は『中緯度の大陸のほとんどと、湿潤な熱帯域で、非常に高い』（90％以上）となっています」。

江守さんが強い衝撃を受け、それまでにも増して、温暖化対策が必要だと感じたのは、２０１８年７月の西日本豪雨災害（平成30年7月豪雨）だったそうです。この西日本豪雨では、６月28日から７月8日まで西日本を中心に全国の広い範囲で大雨が降り続き、九州北部、四国、中国、近畿、東海、北海道地方の多くの観測地点で降水量の値が観測史上第1位となりました。そのため、各地で河川の氾濫、がけ崩れなどが発生。死者２３３名、行方不明者８名、家屋の全半壊など2万６６３棟、家屋浸水29万７６６棟、被害額1兆１５８０億円というきわめて甚大な被害となったのです。

江守さんは「西日本豪雨をきっかけに、日本でも『地球温暖化は生命を脅かすリスクである』と認識すべきです」と訴えます。「温暖化により地球の平均気温は産業革命前からすでに1度上昇していますが、平均的には、気温が1度上がると、水蒸気量が７％くらい増えると考えられます。大雨の雨量も、単純に考えると７％増えます。条件によっては、雨が周りの水蒸気を集めてきて、もっと増える可能性もあります。温暖化していなかったら〝並み〟の異常気象で済んでいたかもしれないものが、温暖化によって1度分底上げされて、記録的な異常気象になってしまった、と言えるでしょう」（江守さん）。

2018年は、世界的に見ても異常な大雨や水害被害が各地で相次いだ年でした。イスラエルやパレスチナ自治区ヨルダン川西岸では、大雨や洪水、雹（ひょう）などで若者ら十数人が亡くなりました。少雨で乾燥（かんそう）した中東で、このような災害が起きることは、とても珍しいことです。2017年秋にはサウジアラビアやオマーンをサイクロンが直撃し、水害被害をもたらしています。同年5月には、イエメンの砂漠（さばく）地帯も大洪水にみまわれました。イエメンやオマーンでもサイクロンが直撃し、水害被害をもたらしています。同年秋にはサウジアラビアの砂漠地帯も大洪水にみまわれました。同年7月上旬にはロシアのモンゴル国境付近の地域ザバイカリエで観測史上最大の洪水が発生。中国でも、全土で洪水被害が起きていて、少なくとも1000万人超が被災しました。

2. 強大化する台風、ハリケーン

温暖化が進行する中で、台風やハリケーンも強大化していく恐れがあります。温暖化の脅威を世界に見せつけたのが、2013年にフィリピンを襲（おそ）ったスーパー台風「ハイエン」でした。約6200人が死亡、約1800人が行方不明、家屋損壊（そんかい）は約114万棟、当時のフィリピンの人口の1割以上、約1608万人が被災し、約410万人が避難を余儀（よぎ）なくされるなど、フィリピンにとって史上最悪の気象災害となったのです。多数の人々が犠牲になった主な原因は高潮でした。低気圧により吸い上げられた海面が、最大瞬間風速105メートルというすさまじい暴風にあおられたことにより、海水が高さ6メートルの濁流となって、津波のように沿岸の村や町を襲ったのです。

　日本でも台風被害が深刻です。2018年の台風21号、2019年の台風15号、19号はいずれも甚大な被害をもたらしました。共通しているのは、例年より高い海面水温で、勢力を維持したまま、上陸したということです。台風21号は、関西空港で風速58・1メートルを記録、大阪府や和歌山県、高知県などで観測史上で最大の風速を更新。広範囲で電柱をへし折り、建物の外壁が剥がされたり、屋根が飛ばされたりしました。さらに高潮で大阪湾沿岸の施設が浸水被害にあいました。こうした被害に支払われた損害保険額は、1兆6678億円。東日本大震災の支払額（1兆3203億円）に迫る額です。

台風15号の暴風に襲われた千葉県南部鋸南町岩井袋の民家

台風15号は千葉県や神奈川県に甚大な被害をもたらしました。私は、特に被害が大きかった千葉県南部の鋸南町を取材しましたが、家々の壁や屋根には大小の穴が空き、瓦などの飛来物がいくつも突き刺さっているなど、暴風による被害がひどかったです。物置小屋や倉庫などは、もはや原形を留めないまでに壊されているものがいくつもありました。住民の方々の自家用車も、車体のあちこちがへこみ、窓ガラスが粉砕されているありさまでした。

鋸南町の南部、海に面した岩井袋は、小さな漁港を持ち、釣りの名所として知られる集落です。台風15号により壊滅的ともいうべき被害を受けました。どの家々も屋根や壁に穴が空き、瓦を剥がされていて、無傷な家はないといっても過言ではない状況でした。こうした被害は、暴風による直接のダメージの他、飛来物が衝突したことにより損傷したもの。ある住民の男性が「ほら、見てごらん。壁に突き刺さっている」と指差します。見ると、本当に瓦が深々と突き刺さっていました。どれほどの勢いで飛んできたのかと背筋が寒くなります。別の男性は、自宅玄関前でぼうぜんとして座り込んでいました。「屋根や壁の穴から雨風が入り込んで、家の中が水浸し。さっき業者に見てもらったけど『全壊』扱いだって。年金暮らしで、家を直したり建て替えたりするお金はない。これからどうしたらいいのか……」。

台風19号は大雨による被害が甚大な台風でした。関東甲信地方、静岡県、新潟県、東北地方では、降水量が観測史上1位を更新するなど、記録的な大雨となりました。国土交通省によれば、7県の71河川135カ所で堤防が決壊。浸水した面積は、およそ2万3000ヘクタールに及び、前年7月の西日本豪雨のおよそ1万８５００ヘクタールを超えたとのことです。住宅８０６７棟が全半壊し、約６万７０００棟が床上・床下浸水し、死者は13都県で89人、行方不明者は４県７人でした。

恐ろしいのは、名古屋大学と気象研究所の研究では「このまま温暖化対策が取られずに海水温が２度上昇した場合、今世紀中に地表付近での風速が67メートルを超えるスーパー台風が日本を直撃する頻度が増大する」と予測されていることです。シミュレーションによると、将来、日本を直撃する台風の最大強度は、風速90メートルにもなるとのこと。これは最強レベルの竜巻に匹敵するもので、強固な建造物も基礎からさらわれ、自動車がミサイルのように飛んでいくという、すさまじい暴風です。

3. 猛烈な熱波

「これまで経験したことのない、命に危険があるような暑さ。一つの〝災害〟と認識している」

２０１８年７月23日、気象庁気候情報課の竹川元章予報官は臨時会見を開き、この夏の猛暑についての警戒を呼びかけました。同日、埼玉県熊谷市では、国内観測史上最高の41・1℃を記録。しかもこの暑さは８月以降も続いたのでした。同年の６月から９月にかけ、熱中症の死亡者数は、全国で１５１８人にも及びました。

熱波に襲われているのは日本だけではありません。中東との文化交流を行う「PEACE ON」代表の相沢恭行さんは「イラクの暑さが年々ひどくなっている」と話します。

「もともと世界有数の暑い国で、40℃を超えることは珍しくなかったのですが、このところ50℃を超えるようになってきました。南部の都市バスラで、53・9℃というすさまじい暑さを記録。イラク戦争後のインフラ整備が進んでいない現地では、自家用発電機を使えない貧困層は冷房を使えません。電力不足に憤る人々のデモを治安当局が弾圧、死傷者も出ました。猛暑が治安情勢にも影響しているのです」(相沢さん)。

メキシコ、クウェート、アルジェリアなど、世界各地で50℃を上回ることが珍しくなくなってきています。インドでは、2015年の熱波で2500人以上が亡くなりました。ヨーロッパ各国では2019年夏の熱波がすさまじいものでした。フランス・パリでは42・6℃と過去最高気温を塗り替え、ドイツ、オランダ、ベルギーでも40℃超え。英国ロンドンも38・1℃を記録。同年8月上旬には、スペインとポルトガルは46℃台と「殺人的」とも言える高温となりました。ハワイ大学のカミロ・モラ教授らの研究では「今世紀末には最大で世界人口の4分の3が熱波で死の脅威に直面する」とのこと。今、その悪夢が現実化しつつあるのです。

4. 山火事、森林火災の増加

温暖化は豪雨を招く一方で、乾燥化する地域も生むと言われています。ここ数年、気温上昇と乾燥によって、森林火災が世界各地で相次いでいるのです。

米国カリフォルニア州では、2018年末から2019年1月にかけて東京23区の約1・8倍が焼き尽くされるという大規模な山火事が発生。約20万人が避難し、周辺の町がゴーストタウン化しました。米国の専門家たちは、温暖化と山火事との関係を指摘しています。10万人以上の科学者と市民からなる「憂慮する科学者同盟」は「米国西部の山火事は1980年代半ばから2000年代にかけて増加しており、ほぼ4倍の頻度で発生し、6倍以上の面積を焼失させ、ほぼ5倍も持続している」と分析。温暖化により、春と夏の気温が高くなり、雪解けが早くなると、土壌が乾燥し、山火事が発生しやすくなり、より激しく長時間燃えるということなのです。

インドネシアでも近年、毎年のように大規模森林火災が起きています。「ウータン・森と生活を考

インドネシアの森林火災で消火活動にあたる消防隊員（ウータン提供）

える会」の石崎雄一郎事務局長は「特に2015年の被害は大きく、東京都の10倍以上の森林が焼失しました」と言います。「その森林はアブラヤシや紙パルプのための農園で、湿地の排水が行われていたうえ、森林火災が起きる前の3カ月間、雨が降らずに乾燥していたのです」（同）。ウータンでは、頻発する森林火災の被害を軽減するため、現地住民が組織した消防団に、消防活動の道具などを支援しています。

5．温暖化が原因で寒波が増える!?

温暖化で、北半球各地を寒波が襲うという奇妙な現象が起きています。米国でここ数年、度々発生する氷河期のような猛烈な寒波は「スノーマゲドン（雪の最終戦争）」と呼ばれています。2017年12月には、普段は雪の降らないテキサス州やルイジアナ州でも雪が降りました。2018年7月には150年間降雪の記録がなかった南アフリカで、全土にわたって雪が降り、欧州でも同年3月、季節外れの大寒波に襲われています。

なぜ、地球温暖化が進行しているのに、寒波が相次ぐのでしょう。山本良一・東京大学名誉教授は「巨大な鏡のように太陽光線を反射する北極圏の海氷の減少が関係している」と言います。「海氷が溶けてしまうことで、より多くの熱を地球がため込むようになってしまいます。極地と赤道との温度差が小さくなると、中緯度の上空を流れるジェット気流の勢いが弱くなります。このジェット気流が蛇行することにより、極地の寒気が中緯度の地域に流れ込みます。北米などで猛烈な寒波が起きると、逆にジェット気流の蛇行で、赤道付近からの空気が流れ込むことで、熱波が引き起こされるのです」（山本教授）。

6. 動物たちも苦しんでいる

温暖化に苦しんでいるのは、人間だけありません。31年間のカナダでの取材から、いち早く温暖化の影響を訴え続けてきた動物写真家の小原玲さんは、アザラシたちのことを心配しています。

「私がアザラシの赤ちゃんの撮影を行っているのは、カナダのセントローレンス湾にあるマドレーヌ島です。真冬から春にかけ、湾は流氷におおわれ、その上でアザラシたちは赤ちゃんを産みます。ところが、ここ数年、気温が下がらないために十分な流氷が張らなくなり、撮影に行くことができないということが続いていました」（小原さん）

アザラシの赤ちゃんと動物写真家の小原玲さん（本人提供）

北米を大寒波が襲った影響もあり、２０１８年春、セントローレンス湾は流氷におおわれました。久しぶりのアザラシの赤ちゃんの撮影に大いに張り切る小原さんでしたが、その最中に驚くべきことが起きます。

「私が撮影を始めて、わずか数日で湾をおおっていた流氷がバラバラに割れ、グズグズの氷になってしまったのです。ですから、私より遅れて来て一緒に仕事をするはずだった英ＢＢＣ放送のカメラマンは、撮影をあきらめざるをえませんでした。最初は氷の状況が良かっただけに、とても驚きました……」

深刻なのは、アザラシたちへの影響です。

「アザラシの赤ちゃんが生まれてから、自分で泳ぎ魚を捕れるようになるまで、４週間かかります。ところが、今回は赤ちゃんが生まれてから、わずか2〜3週間で氷がボロボロになってしまった。このような中で、アザラシの赤ちゃんたちが成長できるのか、とても心配です。不幸中の幸い、湾の中なので、流氷がバラバラになっても、どんどん外洋に流されてしまうわけではないのですが……」

小原さんは、かつてはアザラシの赤ちゃんが成長する間、分厚い流氷がセントローレンス湾全体をおおっていたと言います。しかし、以前は4月くらいまであった流氷が、今は3月半ばにはもう溶け始める状況となっているのです。

「アザラシたちも状況の変化を感じ取って、出産のシーズンを早めています。しかし、温暖化の進行は、それを上回るスピードなのです」

7. 温暖化の暴走の恐れ

「このままでは、温暖化による影響がさらなる温暖化を招く、『ポジティブ・フィードバック』が始まってしまう」と前出の山本教授は懸念します。

「カナダやロシア、フィンランドなど8カ国による共同研究によれば、２０４０年には、夏場に北極圏の海氷が全て溶けてしまうことになると予測されています。巨大な鏡の役割を果たす氷が溶けてしまうことで、より多くの熱を地球がため込むようになり、その結果、シベリアの永久凍土や、海中のメタンハイドレード（氷状のメタンガス）が溶け、CO_2の20倍以上の強力な温室効果ガスであるメタンガスが大量に放出され、地球温暖化がさらに加速することになってしまいます」（山本教授）。

温暖化の暴走が行きつく先には、人類絶滅という最悪の結末もあり得ます。２０１８年3月に亡くなった宇宙物理学者スティーブン・ホーキング博士は、２０１７年7月、ＢＢＣのインタビューの中で、地球温暖化が加速した場合、「気温２５０度、酸性雨が降り注ぐ金星のような高温の惑星へと地球を追いやるだろう」と警告しました。

第三章

時代遅れな日本のエネルギー政策

1．日本のエネルギー長期戦略の問題とは

日本での温暖化対策の最大の障壁（しょうへき）は、やはり時代遅れなエネルギー政策だと言えるでしょう。日本全体の温室効果ガスの排出の4割近くが発電所からの排出（はいしゅつ）であり、その約半分を石炭火力が占めます。石炭火力発電を推進してきた安倍政権は「日本の石炭火力は高効率でCO2排出削減に貢献（こうけん）できる」と主張していますが、高効率石炭火力といっても、通常の石炭火力より10～20％程度しかCO2排出が減りません。２０１９年2月に来日し、日本記者クラブで会見を行ったクリスティアナ・フィゲレス前国連気候変動枠組条約事務局長も、「石炭火力発電の新設はすべきではない。日本は石炭火力技術の輸出を続けることで国際的評判を落としている」と警告しています。ＮＰＯ法人「気候ネットワ

ーク」の平田仁子理事は「日本国内で現在進行中の石炭火力新規計画は25基」「2020年・オリンピック年は、大型石炭火力6基が運転を開始し、石炭ラッシュになる」と指摘。「石炭火力発電の新規計画は中止し、既存の石炭火力発電所も2019〜2030年に順次廃止すべき」「海外の石炭火力発電への日本からの公的支援を直ちに中止すべき」と言います。

認定特定非営利法人「原子力情報資料室」の松久保肇さんは「原発に固執する政府の政策が、CO2排出量削減を阻んでいる」と指摘。「(電力の)長期需給見通しで、国は2030年時点の原子力を20〜22%としており、原子力に対する多くの政策的支援をしています。原発が20〜22%の電力を供給する中、他の電源に投資すると、供給過剰となり電力価格は低下します。電力大手はすでに原発再稼働に多額の投資をしており、他の電源への投資はできませんし、新電力側は原発が稼働するリスクから発電事業に投資できません」(同)。松久保さんは、「脱原発と再生可能エネルギー最大限導入が、CO2排出量削減の最短ルート」と強調しました。

2. 再生可能エネルギー普及をじゃまする大手電力

再生可能エネルギーで発電した電気が、電力網で需給バランスを調整するなどの発電量変動への十分な対応も無いままに、接続を拒否されています。2012年の7月に、個人を含む事業者が再生可能エネルギーで発電した電力を、一定の価格で買い取ることを電力会社に義務付ける、「固定価格買取制度」(FIT)が導入され、大規模水力発電も含む再生可能エネルギーの発電量の比率は、

2018年度には約17・4％まで増加しました。しかし、大手電力会社の抵抗が、自然エネルギー普及の妨げになっています。

環境エネルギー政策研究所の飯田哲也所長は「ドイツなど自然エネルギーの普及が進んでいる国々では、送電線は公共のものという考えがベースにあります。しかし、日本では電力会社が己の既得利権を守るために使われている」と言います。「例えば、自然エネルギー事業者が太陽光や風力による発電施設を送電線につなごうとすると、『変電所が必要だ』などと、異常に高い『工事負担金』を電力会社から請求されます。例えば岩手県では約300億円規模の風力発電事業が計画されていたのですが、東北電力が事業者に請求した『工事負担金』は約300億円です。こんなことは、ドイツやデンマークなど自然エネルギー先進国ではありえません。送電線は公共のもの、自然エネルギーの電力を電力網に接続するのに費用がかかるとしても、それはみんなで負担するという発想があるのですが、日本も見習うべきですね」（飯田さん）。

自然エネルギーによる電力を、電力会社が送電線に接続しないという問題も多発しています。「『空き容量がない』として、電力会社は自然エネルギー発電施設の送電線への接続を拒絶したり、無制限・無補償での出力抑制を求めてきたりします。これでは、事業としてリスクが上がり、融資も進みません」（飯田さん）。これらの問題の背景として、「そもそも、送配電で最優先されるのがベースロード電源という発想自体が20世紀の遺物」と飯田さんは言います。ベースロード電源とは、一定量の電力を安定的に安価で供給できる発電施設のこと。「日本では自然エネルギーは不安定だとされ、ベースロードとして火力や原子力が優先されて来ましたが、ドイツなどの自然エネルギー先進国では、送電系統全体のフレキシビリティ、つまり柔軟性が重視されます。ビッグデータに基づいた天候予測で風力や太陽光による発電量を予測し、公開された電力市場で価格や発電量が調整されるため、クリーンで燃料費の要らない風力や太陽光は〝変動するベースロード電源〟として、最優先に送配電されているのです。こうした高度にＩＴ化された欧州の電力網にくらべると、日本のやり方は本当に原始的ですね」（飯田さん）。

日本で電力会社が火力や原子力をベースロード電源としているのは「結局、自分の利益を優先し、独占を維持したいということなんでしょう」と飯田さんは評します。今後、２０２０年に日本でも発送電分離が行われますが、形式的なものにとどまるのではなく、欧州の自然エネルギー先進国のような、根本的な改革が必要とされているのでしょう。

3．原発事故の傷跡、今も

福島第一原発事故から8年目の２０１９年3月。環境ＮＧＯと人権団体が合同記者会見を開き、避難指示が解除された地域でも、依然、高い放射線量が検出されていることや、原発事故による避難者の人権が無視されているとして国連からの勧告が相次いでいることを報告。また、放射能汚染の除染を行っていた元作業員がずさんな除染の実態を告発しました。

「原発事故から8年、避難指示解除から2年経った今も、現地はまだ安全に人が暮らせる状況にはありません」。グリーンピース・ドイツの核問題シニアスペシャリスト、ショーン・バーニー氏はそう断言します。グリーンピースは、昨年10月、福島県の浪江町と飯舘村で放射線調査を行いました。その結果は、避難指示解除された地域でも、多くの場所で毎時0・23μSv（マイクロシーベルト）を超える線量が検出されました。

「0・23μSvとは、日本政府が決めた除染の基準です。1日のうち8時間野外で過ごし、残り16時間を屋内で過ごすとして、年間の被曝量を一般人の国際限度基準である年間1mSv（ミリシーベルト）に抑えるというものです」「今回の我々の調査では、浪江町の東部、高瀬川周辺での地上1メートルの平均で毎時1・9μSv、最大で毎時

過酷事故を起こした福島第一原発前で（2011年4月）

4・8μSvの放射線を検出しました」（バーニー氏）。

毎時4・8μSvと言えば、原発事故発生前の空間線量の約120倍。日本政府の除染基準と比較しても20倍というきわめて高い線量です。

また同地域の小学校（閉鎖中）は、除染済みであるものの、「小学校前の森からは、平均で毎時1・8μSv、最大で毎時2・9μSvという線量が検出されました」（バーニー氏）。つまり、日本政府の除染基準と比して、平均で7・8倍、最大で12・6倍です。

バーニー氏は「小学校敷地は除染済みですが、より高い線量が残る近接する森からの再汚染が長く続く可能性があります」と懸念します。

「汚染された山林による再汚染が深刻なことは、グリーンピースが2015年から定点観測している、飯舘村の民家の線量のデータからも明らかです。我々の調査に協力してくれている安齋徹さんの自宅やその周辺は、2014年から2015年にかけて大規模な除染が行われたものの、敷地内の最大値が2016年で毎時1・6μSv、2018年では毎時1・7μSvでした。安齋さん宅の敷地内の場所によっては、線量が下がっているところもあるものの、全体としては、近隣の山林からの再汚染のため、除染の効果は限定的だと言えます」（バーニー氏）。 事実上、除染が難しい山林は、浪江町、飯舘村ともにその面積の7割を占めます。

原発事故から8年が経つ今なお、放射能汚染が深刻な中、被災者に対する政府の対応は著しく不十分なまま。同日の記者会見では、国際人権団体ヒューマンライツ・ナウ事務局長の伊藤和子弁護士は

「支援の打ち切りや切り捨ては重大な人権侵害であり、国連の人権機関からも勧告がなされています」と語ります。

「原発事故後、日本政府は一般人の被曝限度を年1mSvから大幅に緩和して、20 mSvを避難基準としました。これを下回る地域の住民には、公的な支援はほぼありません。経済的な余裕がない限り、自主的な避難は困難です。唯一の支援は無償の住宅提供でしたが、これも打ち切られてしまいました」(伊藤弁護士)。

こうした日本政府の姿勢には、国連の人権関連の機関から改善勧告がなされています。

「国連人権理事会が選任した『健康に対する権利』特別報告者アナンド・グローバー氏が、2013年5月、報告書を提出。年20 mSvを避難基準とする日本政府に対し、国際基準の年間1 mSv以下になるまで、住民に帰還を促したり、賠償をうち切るべきではない、などと勧告しました」(伊藤弁護士)。

4. 原発VS再生可能エネルギー

躍進する自然エネルギーを相手に、原発が競争力を失い、各国で削減・撤廃されています。

2019年1月、公益財団法人「自然エネルギー財団」はメディア懇談会を開催。具体的なデータと共に、世界のエネルギー事情の大きな変化について、報告を行いました。

「原発の全世界の発電電力量に占める比率は、ピーク時の17％から、２０１７年に過去最低の10％まで低下しました」「成長を続ける再生可能エネルギーとは対照的です」――都内で開催されたメディア懇談会で、自然エネルギー財団の石田雅也さん（シニアマネージャー・ビジネス担当）は、そう強調しました。ＩＥＡ（国際エネルギー機関）と、英エネルギー企業ＢＰのデータを自然エネルギー財団がまとめたものによれば、全世界の発電電力量に占める原発の比率は、２０１７年時点で10％に対し、再生可能エネルギーは24％。さらに今後の予想では、２０４０年に原発が９％なのに対し、自然エネルギーは41％にまで上昇するというのです。

原発の競争力低下の大きな要因は、福島第一原発事故を受けての安全対策強化や建設が長期間にわたることなどによる、発電コストの増大です。世界最大の原発大国である米国でも「近年では経済性の面で問題を抱える発電所が増えています。特に電力市場が自由化されている州では厳しい状況になっています」（石田さん）。世界的な通信社ブルームバーグが分析したところ、２０１７年に全米61カ所の原子力発電所のうち、半数以上の34カ所が赤字の状態。こうした中、利益を出せなくなった原子炉の運転終了が全米各地で相次いで始まっています。

原発を衰退産業化させている要因として、自然エネルギーの発電コストの劇的な低下もあります。「コストが高い」「非効率」だと言われ続けた自然エネルギーですが、温暖化対策による普及の拡大や技術革新、価格競争などにより、近年、急速なコストダウンが進んでいるのです。

「世界的な投資顧問・資産管理会社のLazardによると、電源別の発電コストをLCOE＊で評価した結果、陸上風力と太陽光は原子力や石炭火力の半分以下に、さらにガス火力よりも低くなって最も経済性に優れた発電方法であることが判明しました」（石田さん）。

＊均等化発電原価のこと。建設費や運転維持費・燃料費など発電に必要なコストと利潤などを合計して、運転期間中の想定発電量をもとに算出される指標。

新設するスピードの圧倒的な差も、原発が再生可能エネルギーに追いやられる要因です。過去10年、世界で最も原発を新設してきた中国においても、風力発電が２０１３年の時点で原発の発電量を追い抜き、２０１７年にはその差は、約３８０億キロワット時まで開きました（自然エネルギー財団報告書より）。

これまで指摘されてきた事故リスクや核廃棄物の処理などの問題に加え、経済性でも不利になってきた原発に固執することは賢明とは言えません。日本としても、再生可能エネルギーの拡大と省エネにより、エネルギー自給と温暖化防止を両立させていくべきなのでしょう。

第四章

脱化石燃料、お金の流れを変えよう

1．私たちの貯金が温暖化を加速させる⁉

私たちの銀行預金や年金は、実は、温暖化の進行と大変深い関係にあります。私たちの預金や年金保険料を原資として、金融機関が石炭産業に融資・投資しているのです。石炭産業による温室効果ガス排出量は世界の3分の1にも及びます。

ＣＯＰ25（第25回気候変動枠組条約締約国会議）の最中の２０１９年12月6日、ドイツの環境ＮＧＯウルゲワルドとオランダの国際ＮＧＯバンクトラックは、石炭産業に投融資する世界の金融機関に関する最新調査報告書を発表。それによると、２１１９年の石炭火力発電への融資、つまり事業を発展させるためにお金を貸し出すことで、みずほフィナンシャルグループ（みずほＦＧ）、三菱ＵＦＧフィナンシャルグループ（ＭＵＦＧ）、そして三井住友フィナンシャルグループ（三井住友ＦＧ）が、世界の金融機関による融資額の第1位から3位までを独占。日本の三大メガバンクは、２０１７年から２０１９年の間に、４００億７２００万米ドル（4兆３６７８億円：1ドル＝１０９円換算）もの融資を石炭火力発電開発企業に行っているとのこと。さらに日本の年金積立金管理運用独立行政法人（ＧＰＩＦ）は、石炭火力発電開発企業への投資家、つまり事業を発展させ、利益を得るためにお金を使っている金融機関として、世界第2位（1位は、米国に本社を置く世界最大級の資産運用会社ブラック・ロック社）。ＧＰＩＦに加え、三井住友信託や、野村證券、ＭＵＦＧ、みずほＦＧが巨額投資を行っており、石炭産業への投資額全体で、日本の投資額は米国に次いで2位となっています。

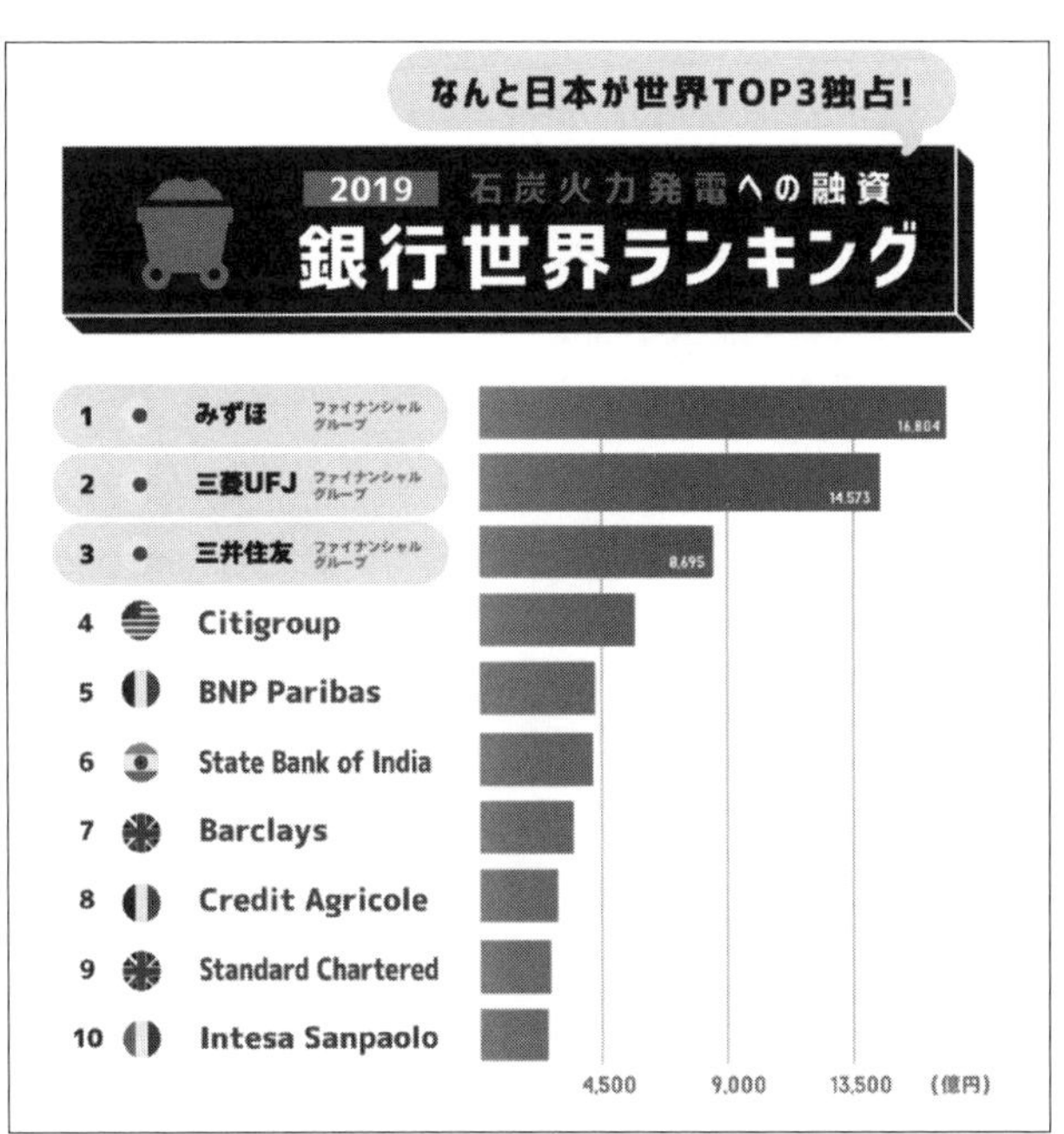

日本の金融機関が石炭融資リストのトップを独占
COP25 で判明＊ 350.orgJapann 提供

日本は米国や中国などと共に、世界で最も石炭産業にお金をつぎ込んでいる国であり、その責任はひじょうに重いものがあります。こうした問題について、環境ＮＧＯの350.org日本支部やレインフォレスト・アクション・ネットワーク、グリーンピース・ジャパンやFoE Japanなどが、これまで幾度も指摘。日本の金融機関に対し、石炭からの脱却を求めています。

2. 石炭火力の輸出

環境ＮＧＯなどから問題視されている具体的な事例の一つがインドネシア・西ジャワ州でのチレボン石炭火力発電事業です。現地調査したFoE Japanの波多江秀枝さんがこの問題を解説します。

「丸紅やＪＥＲＡ（東京電力と中部電力の合弁会社）などが出資したこの事業では、事業総額８億５０００万ドルのうち、日本の政府系金融機関・国際協力銀行（ＪＢＩＣ）や、みずほなど民間銀行６行や韓国輸銀により、５億９５００万ドルのプロジェ

チレボン石炭火力発電に反対する住民たちが国際協力銀行に抗議（FoE Japan 提供）

クト・ローンを供与、チレボン石炭火力発電所1号機はすでに2012年に商業運転を開始しています。また、現在建設中の2号機にも、JBICが11億ドル程度の融資を決定、みずほほか民間4行も協調融資を検討しています。2号機が2021年に稼働すれば、2つの発電所で毎年計約700万トンの CO2 を排出すると予測されており、これは新車100万台以上の年間排出量に相当します」(波多江さん)。

周辺の環境汚染も大きな問題となっています。

「現地住民は、以前は漁業やさまざまな貝の採取、塩づくりなどで生計を立てていましたが、第1発電所によって甚大な悪影響を受けました。水質汚染や温排水により漁獲量が減り、塩の質も悪くなったとのことです。粉じんによる健康被害も懸念されています。こうした汚染に対する対策改善が2号機の建設計画にも見られません。2号機建設については、当初融資を計画していたフランスの銀行『クレディ・アグリコル』が撤退を表明した後、日本のメガバンクなどが融資を表明したという経緯があります。こうした日本の銀行の姿勢は『バンクトラック』など温暖化防止に対する民間金融機関の社会的責任に取り組む国際NGOからも『ショックだ』と批判されています」(波多江さん)。

日本による石炭火力発電施設の輸出は、チレボン石炭火力事業の他にも、ベトナムのバンフォン1石炭火力発電事業への公的資金の投入、ブンアン2石炭火力発電事業への融資検討が問題になっています。

3. 先住民族の水源を奪うパイプライン

日本の銀行が融資する化石燃料事業は、米国の先住民族を脅かしています。ダコタ・アクセス・パイプラインは、米国企業「エナジー・トランスファー・パートナーズ」が、ノースダコタ州からイリノイ州までをつなぐ約1886キロメートルのパイプラインを建設するプロジェクトです。しかし、この計画は、米国先住民族の一つスタンディングロック・スー族にとっての唯一の水源に深刻な悪影響を及ぼす恐れがあります。ダコタ・アクセス・パイプライン事業の株式を49％保有するカナダエンブリッジ社は、北米各地で804回もの石油流出事故を起こしており、今回の計画により、飲み水が汚染されたり、魚が捕れなくなるのではないか、とスー族の人々は心配しているのです。さらに、パイプラインはミズーリ川の下を通るため、スー族のみならず、周辺1700万人への水の供給にも悪影響が及ぶ恐れもあります。こうした懸念から、

ダコタ・アクセス・パイプラインに資金提供する日本のメガバンクに抗議

スー族や彼らに賛同する人々が、連日、デモなどの抗議活動を行い、オバマ政権も、２０１６年12月にプロジェクトを一時停止しました。しかし、トランプ氏が米国の大統領となった２０１７年1月、パイプラインを推進する大統領令が発令されたため、スー族や周辺住民からは、不安や憤りの声が高まっています。

ダコタ・アクセス・パイプライン建設で、重要なカギを握るのが、日本のメガバンク３行の動向です。同パイプラインの総工費はおよそ４３００億円前後であり、これに対してみずほ銀行、三菱東京ＵＦＪ銀行、三井住友銀行の投資を合わせた総額は、約１７４０億円にも上ります。つまり、日本のメガバンクは、スー族の命運を左右する力があるとも言えるのです。そのため、日本でも有志の個人らが、２０１６年末からネット上で署名集めを開始。わずか2カ月ほどで1万１３５６筆を集めた彼らは、メガバンク３行に面会を求めました。

署名を提出しに行った有志の一人で、日本の北方先住民族アイヌである島田あけみさんは、「水は命。水はアイヌにとっても、すべての生き物が生きていく上で必要なものです。同じ先住民族として、スー族の方々の直面する問題に胸が痛む。日本の銀行にはダコタ・アクセス・パイプラインへの投資から撤退してもらいたいです」と語ります。

しかし、メガバンク３行の対応は、「署名を受け取っただけ」と、署名を提出した有志の一人である男性（匿名希望）は言います。「面会に応じてくれたのは良いのですが、それだけ。今後どのような対応をするかも、全く説明がありませんでした」（同）。

私は、メガバンク3行に、ダコタ・アクセス・パイプラインによって起こりうる環境や現地社会の影響についてどのように評価してきたのか、署名へどう対応するのか、などを問い合わせました。

みずほ銀行によると、同行の米国支社が、オバマ政権による事業の一時停止と、トランプ政権の大統領令の際に、二度、声明を出しているとのこと。一度目は、オバマ政権による事業の一時停止を受けてのもので、要約すると「みずほ銀行は積極的に本事業を監視している」「部族政府や環境、人権の専門家からの助言を得ている」「みずほ銀行は、関係する全ての関係者が協力して安全で敬意を表する対話を続けていくことを奨励する」というもの。二度目の声明は、トランプ政権の決定を受けてのもので、要約すると「全ての関係者が協調して安全で敬意を表する対話を続けていくよう、引き続き尽くしている」というもの。ただし、具体的にどのような働きかけを事業者にしているのか、それを事業者が守らない場合についての説明は、みずほ銀行からは得られませんでした。

三菱東京UFG銀行の回答は、次の通り。「弊社は大規模プロジェクト融資決定や融資方法の検討に際して、気候変動、生物多様性、人権を考慮しています。環境、コミュニティ、気候に対する重大な影響は可能な限り最小化されなければなりません。顧客の機密保持のため個別プロジェクトに対する見解を表明することはできませんが、ダコタ・アクセス・パイプラインに関して受領したメッセージは全て精査し、署名のリストにも全て目を通させていただきます」。
そして、三井住友銀行の回答は「個別の案件については回答を差し控えさせていただく」というものだけでした。

２０１６年10月に現地を訪れ、３行への申し入れにも参加した青木はるかさんも「奮い立っているとはいえ、抗議している人々は生身の人間です」と、パイプライン建設側の暴力で傷つくデモ参加者の状況を訴えました。「警察たちは、デモ隊に対してゴム弾を撃ってきました。そのため、私の友人は片目をほぼ失明してしまいました」。ゴム弾とは銃弾の先端がゴム製か、あるいは金属部分をゴムで覆ったもので、通常の弾丸に比べれば、殺傷力は低いものの、銃から撃ち出される以上、相当の威力があります。当たり所が悪ければ、青木さんの言うように、障害も残る大けがを負うリスクのあるものです。拘束された人々の扱いもひどいものでした。前出のバンク・トラックによれば「裸のまま拘束されたり、食べ物や防寒具を与えられないまま犬用のケージに閉じ込められたりした」との被害もあったとされ、国連もこうした過剰な暴力や人権侵害に対し調査を行ったとのことです。

青木さんは「日本の銀行が投資している以上、私たちにとっても無関係ではありません。もっと多くの日本の人々にこの問題を知ってもらいたいです」と語ります。メガバンク３行も、事態の深刻さにもっと危機感を持つべきでしょう。

ダコタ・アクセス・パイプラインについては、2019年12月現在なおも米国で法廷闘争が続いています。グレタ・トゥーンベリさんも、スー族の居留地を2019年10月に訪問。パイプライン反対運動を開始した2016年当時に13歳だったスー族の少女トカタ・アイアンアイズさんと互いを激励しあいました。

4. 化石燃料からの投融資引き上げ ―ダイベストメント

環境に悪いとわかっていながら、融資を続ける金融機関。これに対し、お金の流れから経済の「脱炭素」化を進めていこうという動きがあります。そこで大きな役割を果たしているのが、NGOの存在。そうしたNGOの一つ、350.orgは、各国の政府系・民間の金融機関に、化石燃料への投資の引き上げ「ダイベストメント」を行うよう、働きかけています。その、350.

講演する350.org事務局長のメイ・ブーヴィさん

org の事務局長を務めるのが、メイ・ブーヴィさん。米国のミドルベリー大学に在学中の２００８年に、同大学で教鞭をとるビル・マッキベン氏とともに 350.org を立ち上げました。気候変動に取り組む次世代リーダーとして米国タイム誌などにも紹介されています。

ブーヴィさんは、２０１７年2月に来日、都内で開催されたイベントで講演を行ったので、筆者も取材させてもらいました。ブーヴィさんは、地球温暖化問題を悪化させている石炭・石油などの化石燃料産業への投資を引き上げる「ダイベストメント」の国際的な動きを紹介。日本の人々もお金を預けている銀行が、石炭事業に多く投資していないかを確認し、場合によっては預け先の銀行を変えるよう、呼びかけました。

「ダイベストメント」とは、元々は、戦争や環境破壊、人権侵害などを促進する倫理的に問題のある国家や企業、事業などから投資を引きあげること。近年では、地球温暖化防止のため、化石燃料関連事業、とりわけ石炭関連事業からの投資の撤退を呼びかける動きが国際的に高まっています。講演でブーヴィさんは「すでに世界６８８の機関が石油や石炭などの化石燃料からの投資引き上げを宣言、その運用資産の総額は5兆ドル（約５６０兆円）以上です」と、ダイベストメントが世界の投資に大きな影響を与えていると語りました。また、ブーヴィさんは、「地球温暖化の深刻な影響を防ぐためには、現在の化石燃料の埋蔵量のうち、その8割は燃やすことができない」と、石油や石炭などの大部分が使えなくなるとして、これまでばくだいな富を産んできた化石燃料は「投資の回収が見込めない座礁資産となりつつある」と指摘しました。

やはり2017年2月に来日したノルウェーの国会議員トーステン・ゾルバーグさんも、日本の企業や政府の取り組みの遅れを来日時の講演の際に指摘しました。ゾルバーグさんは、ノルウェー国会の財務・経済常任委員会メンバー。約96兆円という世界最大規模の資金を運用するノルウェー政府年金基金は、2016年4月に、石炭関連事業への投資をやめると決定。こうした動きを主導したのが、ゾルバーグさんでした。ゾルバーグさんは「国際エネルギー機関（IEF）は、世界のCO2の排出の3分の2は、エネルギー関連から排出されるとしており、その中でも特に巨大な排出源が石炭火力発電です。ですから、石炭からの脱却は急務なのです」と強調します。「ノルウェー政府年金基金は、日本を含め世界66カ国、9050の企業に投資していますが、その企業の事業全体の石炭関連の占める割合、あるいは石炭関連の売り上げに占める割合が30％を超える企業59社を、投資対象から除外しました。日本企業も電力会社5社が除外されています」（ゾルバーグさん）。

ノルウェー政府年金基金のダイベストメントの対象とされたのは、中国電力、電源開発、北陸電力、沖縄電力、四国電力。さらに、石炭事業の割合が多い企業として九州電力や東北電力の動向も注視しているとのこと。

その後、国際社会での石炭火力発電への批判は高まり続け、350.orgによれば、2019年9月に、「化石燃料ダイベストメント運動」への参加を表明している機関投資家の運用資産総額が11兆ドル（約1185兆2555億円）を突破したとのこと。これは、2018年のグローバル株式市場価値全体の約16％を占めています。さらに政府系投資ファンド、銀行、保険会社、自治体など世界各国の1110以上の機関投資家が、石炭、石油、天然ガス関連企業をブラックリストに載せる方針を表明したとのこと。例えば、ノルウェー政府年金基金、ドイツ復興金融公庫（ドイツの開発銀行）、フランス預金供託公庫、ロックフェラー兄弟財団、アムンディ・アセット・マネジメント（資産運用会社）、ニューヨーク市などです。正に、「気候正義」を求める市民の声が、世界の経済を大きく変え始めていると言うべきなのでしょう。

5. 石炭火力にお金を使わない銀行を選ぼう

日本においてもメガバンク3行が、それぞれ、石炭火力発電についての新たな方針を発表。新規石炭関連事業に融資しない、あるいは融資基準の厳格化などをあげていますが、日本政府による経済協力は例外とするなど、大きな抜け穴があり、環境NGO各団体から

350.org.Japan のウェブサイトより https://world.350.org/ja/lets-divest/

は不十分だとの指摘を受けています。私たち一般市民として、石炭火力発電を廃止するために何かできないのでしょうか？

実は、ダイベストメントは個人レベルでもできます。前出の環境NGO 350.org.Japanは、化石燃料に投資しているメガバンクから、化石燃料に投資していない銀行への乗り換(か)えキャンペーン「Let's ダイベスト」を呼びかけています。その手順は以下のようなものだと350.org.Japanはそのウェブ上で解説しています。化石燃料に投資していない銀行はどの銀行かもウェブ上でリストをまとめています。これによると、ネット銀行や、各地の信用金庫、労働金庫がおすすめのようです。

ステップ1．宣言する

まず最初にできることは、「ダイベストメント宣言」です。「預金先の銀行が、地球温暖化を促進(そくしん)するビジネスを支援し続ける場合、〝地球にやさしい預け先〟に預金を乗り換えます」と財務大臣、金融庁長官や中央銀行総裁に伝えることで、大手金融機関に環境に配慮(はいりょ)した行動を促(うなが)すことができます。

ステップ2．選ぶ

つぎに、地球温暖化の原因となっている化石燃料ビジネスや、地域にとって安全でない原子力にお金を流す銀行からお金を引き揚(あ)げ「ダイベスト」、乗り換え先の〝地球にやさしい銀行（クールバンク）〟を選びましょう。地球温暖化を加速させる石炭、石油、ガスを含む「化石燃料」やリスクの高い「原発」

を支援してしまっている銀行ランキングと、化石燃料や原発のように地球環境を破壊するビジネスに支援していない「クールバンク」の一覧をご確認いただけます。

ステップ3．報告する

最後は、「ダイベストメント報告」です。「クールバンク」に乗り換えました！　と報告を集めることで大手銀行に環境に配慮した行動を促すことができます。すでに、多くの個人・団体のダイベストメント報告があり、口座乗り換え推定総額は9億円を超えています。

350.org. Japanは、２０１９年6月、G20財務大臣会合にあわせ、「もし預け先の金融機関が気候変動を加速するビジネスを支援し続ける場合、２０２０年東京オリンピックまでに地球に優しい預け先を選ぶ」というダイベストメント宣言に９０９人（うち学生３６６人）が署名したことを発表。推定預金総額22億４４５０万円がメガバンクから他の銀行へ乗り換えられました。

メガバンク３行は、太陽光発電や風力発電などの再生可能エネルギーにも多額の投融資を行っており、環境に悪いことばかりをしているわけでもありません。ただ、そうしたポジティブな面も、石炭火力発電などの化石燃料関連事業などのネガティブな面によって帳消しにされ、国際社会の中で「環境への意識が遅れている」と評価され、ビジネス上のリスクにもなりうるのです。

6. 企業にも大きな変化

温暖化防止の国際的な世論の高まりの中で、企業もその活動を大きく変えつつあります。太陽光や風力などの再生可能エネルギーを利用することにより、CO2排出を減らそうとしているのです。2018年には、企業が新たに契約（けいやく）した再生可能エネルギーの電力は全世界で1340万キロワットにのぼりました（大型の石炭火力発電設備や原発の約13基分）。

企業が電力を再生可能エネルギーに切り替えていくことを推進する動きとして、「RE100」があります。これは、遅くとも2050年までに使用電力を100％再生可能エネルギーにしていくことを共通の目標とする企業連合です。2019年7月の時点で、米国のIT企業アップルや、ドイツの自動車企業BMWなど世界の有力企業191社がRE100に加盟しており、日本でもソニーやイオンなど20社が加盟しています。

こうした企業の動向を調査し報告書をまとめたのが、自然エネルギー財団の石田雅也さんです。石田さんはメディア関係者を対象とする勉強会で、RE100についての報告を行いました。「RE100加盟企業には、すでに再生可能エネルギー電力100％を実現している企業もある」と石田さんは言います。「グーグルは2017年から、アップルは2018年から、全世界の事業で使用する電力を自然エネルギー100％で調達しています」「グーグルはインターネット関連サービスの事業拠点（きょてん）として、世界9カ国に16カ所のデータセンターを運営しています。各データセンターには大量のコンピュータや通信機器が24時間、３６５日稼働しているのに加え、機器からの発熱を抑えるために強力な空調に使われるものも合わせると、データセンターで使用する電力量はぼうだいになります。グーグルが２０１８年にデータセンターやオフィスを含めて全世界で使用した電力量は約１００億キロワット時にのぼり、２０１７年に比べ３割も増えましたが、全てを再生可能エネルギーで調達しています」(石田さん)。

「アップルは世界各国の製品・部品のサプライヤー（供給元）に対して、再生可能エネルギーの電力を利用するように働きかけています。２０１９年４月の時点で世界16カ国の44社がアップル向けの生産活動を自然エネルギーの電力で実施すると表明しました。その中に日本のサプライヤーも含まれています。電子部品を供給するイビデンは、愛知県の貯木場の跡地にある広大な池に水上太陽光発電所を建設しました。そこで発電した電力を使ってアップル向けの部品を生産しています」(石田さん)。

日本企業もがんばっています。「ソニーは工場やオフィスで使用する電力を２０４０年度までに自然エネルギー１００％に切り替えるとしています。すでに欧州では自然エネルギーの電力を１００％使用しており、北米でも自然エネルギーの比率を高めています。課題は、グループ全体のエネルギー使用量の約８割を占める日本国内の事業ですが、これも２０４０年度を目標に再生可能エネルギー１００％にするとしています」(石田さん)。

ショッピングモールやスーパーなど、国内小売最大手のイオンも、店舗から排出するCO_2を２０５０年までにゼロにする目標を掲げています。「イオンは、新たに建設する大型の店舗では屋上や駐車場の側面などに太陽光パネルを設置して、発電した電力を自家消費しています。イオンがグループ企業を含めて年間に使用する電力量は74億キロワット時（2016年度）、日本全体の電力需要の1％近くを占める規模です。これほど大量の電力が、火力発電や原子力発電で供給されるのか、それとも再生可能エネルギーで供給されるかで、環境に与える影響に大きな差が生じるでしょう」（石田さん）。

省エネ化に加え、太陽光パネルなどで電気を作り出し、住宅やオフィスビルのエネルギーの使用量を実質的にゼロにするZEH（ゼロエネルギーハウス）やZEB（ゼロエネルギービル）といった取り組みも行われています。

「住宅メーカー大手の大和ハウス工業は、住宅や商業施設をZEH／ZEBで建設したうえで、太陽光発電設備や蓄電池を配備することによって、自然エネルギーを主体にした自給自足型の街づくりを推進していくとしています。積水ハウスは2009年からZEHの販売を開始して、すでに3万5000棟以上のZEHを建設しました。ZEHに搭載されている太陽光発電設備の余剰電力は10年間にわたって固定価格買取制度（FIT）で電力会社へ売電し、買取期間が終了した『卒FIT』の電力を積水ハウスが顧客から買い取り、グループのオフィスや工場などで利用する方針です」（石田さん）。

7. パワーシフト／脱電力会社

地球温暖化の危機が叫ばれているのに石炭火力発電を使い続け、福島第一原発事故後も原発からの脱却をしない大手電力会社。私たちの生活に電気は欠かせません。しかし、環境や社会に対し無責任な電力会社の電気を使うことは、結果的にそうした電力会社のふるまいに加担しているとも言えます。そこで大事なのが、どこの電力会社から電気を買うか、ということ。２０１６年より、日本でも電力小売り全面自由化によって、一般家庭も電力会社を選べるようになりました。太陽光や風力など再生可能エネルギー供給を目指す電力会社も、各地に次々と現れています。再生可能エネルギーが中心となった持続可能なエネルギー社会にむけて、電力（パワー）のあり方を、変えていくことです。

　そうしたキャンペーンが「パワーシフト」です。同キャンペーン事務局の吉田明子さん

パワーシフトのウェブサイトから

は「自分の使う電気を選ぶことは未来を変えることでもあります」と言います。同キャンペーンのサイト http://power-shift.org では、パワーシフトのあり方で重要な7つの点でおすすめの電力会社を紹介しています。具体的には、

1.「持続可能な再エネ社会への転換（てんかん）」という理念がある
2.電源構成などの情報開示をしている
3.再生可能エネルギーを中心として電源調達する
4.調達する再生可能エネルギーは持続可能性のあるものであること
5.地域や市民によるエネルギーを重視している
6.原子力発電や石炭火力発電は使わない
7.大手電力会社と資本関係、提携（ていけい）がないこと

ということ。吉田さんは「再生可能エネルギーといっても、本当に環境に良いものを選ぶことが大事です」と言います。「中には森林を大規模に切り開いて設置するメガソーラーや、海外産パーム油を使ったバイオマス発電などがありますし、大規模ダムによる水力発電も、しばしば再生可能エネルギー扱いされることがあります。こうした電源は、環境への負荷が大きいので要注意です。私たちは、そうした持続可能性の低いものではなく、より持続可能性に配慮（はいりょ）して電気を調達する事業者を紹介しているので、ぜひ、サイトをご覧ください」（吉田さん）。

実際、パワーシフト・キャンペーンのサイトには、自治体がやっている電力会社、地域密着型の電力会社、生協系の電力会社、複数の地域に電気を供給している電力会社とタイプ別に各電力会社の情

報、例えば、太陽光や風力、バイオマス、小水力など、どのような再生可能エネルギーによる電気を供給しているかなどの情報が掲載されています。さらに詳しい情報が知りたい場合は、各電力会社のウェブサイトで確認してみましょう。

電力会社の契約を変えるとなると、ちょっと大変そうに思えるかもしれませんが、吉田さんは「とても簡単ですよ」と言います。「物理的な電気の流れは変わらないため、設備工事はいりません。選んだ会社に、ウェブや電話などで申し込みするだけです。アパートやマンションでも建物一括契約のものを除けば、切り替え可能ですし、リスクもありません。もし選んだ会社が仮に倒産したりしても停電したりはしません。電力の価格もほとんど変わりありません」（吉田さん）。

パワーシフトは個人だけではなく、企業や学校、自治体も行っているとのこと。例えば、埼玉県飯能市にある私立中学高等学校「自由の森学園」は「未来の社会を担う子どもたちが学び生活する場である学校は、地球と社会の持続可能性に無関心であってはならないとの考えが基本にある」とのことから、パワーシフトに踏み切りました。同校には、契約した「みんな電力」のスタッフらが訪れ、環境問題の選択授業で生徒たちと議論するなど、教育効果としても、大きなメリットがあるようです。このような「パワーシフト体験談」もウェブサイトで見ることができます。http://power-shift.org/people/

吉田さんは「パワーシフトによって、ただ電気を買うだけじゃなく、地元や、発電所のある地域とつながりができるのです」と語ります。「例えば、電力会社によっては、発電所の見学ツアーや子ども向けワークショップを行ったり、売電利益の一部を使って子育て支援や福祉など地元の社会貢献活動を支援したりしています」。

多くの人々がパワーシフトし再生可能エネルギー中心の電力会社に乗り換えることは、原発や石炭火力発電を抱える既存の大手電力会社に対するメッセージにもなります。パワーシフトした後にそれまで契約していた大手電力会社に「石炭火力や原発はお断りなので」と電話やメール、ＦＡＸなどで、伝えることも重要でしょう。

またパワーシフト・キャンペーンでは、乗り換えの見える化のため、パワーシフト「1億円キャンペーン」を呼びかけています。これは、再生エネルギー中心の電力会社を選んだ人々の、「電気代」を積み上げていくというもの。パワーシフト・キャンペーンの特設ウェブサイト上で、自身の地域やこれまでの年間電気料金などを書き込んでいくことで、パワーシフトの動きを可視化していこうという試みです。こうした動きが活発になっていけば、まだまだ再生可能エネルギーに後ろ向きな大手電力会社の姿勢も変えられるかもしれません。http://power-shift.org/100m/

第五章

森林を守ろう

1. アマゾン熱帯雨林の大火災

「これは胸が張り裂けそう。おそろしいことだわ。苛立ちで泣きたくなってしまう。私たちにできることは？　文字通り母なる星の奇跡を破壊しているのよ。本当にごめんね、地球」――22歳の米国の人気歌手カミラ・カベロさんは、２０１９年の夏、南米ブラジルを中心に、アマゾン熱帯雨林で観測史上最悪規模の火災が同時多発したことについて、４０００万人以上のフォロワーがいる自身のインスタグラムで訴えました。

人間の活動により、世界の森林は破壊され続けてきましたが、今、その危機は一層深刻なものになっています。地表の約30・7％をおおう森林は、陸上生物種の約80％が生息する場であり、人間も約

16億人がその恵みに依存して生活しているとされます。温暖化対策においてもきわめて重要です。特に熱帯林は、人類が大気中に排出するCO2の25〜30％を吸収しているとされています。

2019年5月に国連森林フォーラム（UNFF）の会合で報告された推計によれば、森林を活用する温暖化緩和・適応策を全面的に行った場合、2050年までに、毎年150億トンものCO2削減につながるとのことです。これは、世界全体のCO2排出（2018年）の約45％にあたります。しかし、その貴重な森林が、食料や家畜飼料のための農地開発、木材や紙の原料となるパルプ生産のための開発、食品や洗剤に使われるパー

camila_cabello

Liked by **shawnmendes** and **566.306 others**

camila_cabello this is heartbreaking and terrifying 💔💔💔 This makes me want to cry with frustration. what are we DOING? We're literally destroying our miracle of a home 😭😭😭 I'm so sorry, earth 💔💔

アマゾン熱帯雨林で観測史上最悪規模の火災
（カミラ・カベロさんのインスタグラムから）

ム油のための開発などによって破壊され、森林面積は恐るべきペースで減少しています。１９９０〜２０１６年まで、日本の国土全体の約３・４倍にあたる１３０万平方キロが失われ、現在も森林は破壊され続けているのです。この章では、熱帯雨林の破壊を中心に森林の危機について解説していきます。

世界的な自然保護団体「ＷＷＦ（世界自然保護基金）」も、「６７０万平方キロの熱帯雨林」「17〜20％の水資源」「世界の生物多様性の10％」「20％の世界の酸素」「３４００万人以上の生活」がアマゾン火災によって失われているとツイッターで警鐘をならしました。地球で最大の熱帯雨林であるアマゾン熱帯雨林は、「地球の肺」とも呼ばれるように、９００〜１４００億トンというぼうだいな炭素を固定しています。史上最悪の森林火災の原因は何か、日本は何をすべきなのでしょうか。

ブラジル国立宇宙研究所（ＩＮＰＦ）の人工衛星での観測によると、同国では２０１９年1月から同年8月21日まで7万５０００件以上の森林火災が発生。２０１３年の観測開始以降で最多を記録したとのことです。アマゾンでは、7月から10月の乾季にかけ森林火災が起きやすいのですが、南米の環境問題に詳しいエコロジストの印鑰智哉さん（日本の種子を守る会アドバイザー）は「むしろ、これはボルソナロ政権による環境犯罪だと言えるでしょう」と強調します。「ブラジルのトランプ」とも呼ばれるジャイル・ボルソナロ大統領は、アマゾン熱帯雨林や、その中にある先住民族保護区域の開発を公言してきました。そのボルソナロ大統領が２０１９年1月に就任してから状況が大きく変わったというのです。

「ブラジルでは、アマゾンの原生林を直接、農地に転換することは法律によって大きく制限されています。その法律、森林法は近年、大幅に緩和されてしまったのですが、それでも原生林を直接破壊することは犯罪行為となります。しかし、火災などで燃えてしまったあとの土地は規制の対象外なのです。そのため、牛肉のための牧草地や大豆畑のために土地を使いたい業者たちや大地主たちが原生林に火を放つことが横行しているのです。

無論、原生林に火を放つことも、ブラジルでは違法であり、厳しい罰則が課せられますが、ボルソナロ政権は、取締まりを担当するブラジル環境省の機関ＩＢＡＭＡの予算を大きく削減したのです。そのため、ただでさえ困難であった取締まり活動が一層、困難なものとなりました。ボルソナロ政権下であれば罰せられることがないと判断した業者や地主たちが人を雇って火をつけさせ、環境団体やアマゾンで暮らす先住民族たちが通報しても当局が動かない。その結果、かつてない規模での森林火災に拡がってしまっているのです」（印鑰さん）。

今回の大規模森林火災について、ボルソナロ大統領は「環境ＮＧＯが森に火をつけた」と主張しましたが、その根拠は示していません。これに対し、約１１８団体の現地ＮＧＯが連名で抗議。その抗議文の中で、印鑰さんが述べたボルソナロ政権による政策の問題も、火災の原因としてあげています。また、国際署名サイト「ＡＶＡＡＺ」では、ブラジル政府にアマゾン破壊をやめるように求める署名が開始され、２４２万人以上の人々が賛同しています。

2．アマゾン破壊に日本も関与

アマゾン熱帯雨林の破壊のルーツは日本の開発支援にある上、今後もアマゾンの破壊に日本が関与する恐れがあると、印鑰さんは指摘します。

「１９７４年、日本のＪＩＣＡ（独立行政法人国際協力機構）が作成したものであり、日本の融資によるアマゾン開発が、大カラジャス計画でした。巨大鉄鉱山の開発を中心に、これに伴う鉄道や道路網、ダム開発、アルミ工場建設、林業・農業生産のための入植などを含む巨大なものであり、環境や社会開発の視点を欠いた計画でした。例えば、世界最大規模のダムの一つであるトゥクルイダムが大カラジャス計画によって建設されましたが、それにより広大な面積の森林が水没しました」（同）。

トゥクルイダムによる水没面積は約２０００平方キロ、東京23区の約３倍もの面積におよんだといいます。やはり日本が主導して行ったアマゾンの水源である高地セラードの開発も、熱帯雨林破壊につながってしまっています。

「セラードは、ブラジル中央部にある広大なサバンナ地帯で、アマゾンほか南米大陸の水源地です。１９７７年から１９９９年にかけ、ＪＩＣＡによるセラード開発『日伯セラード農業開発協力事業』がすすめられ、同事業はブラジルを世界有数の大豆生産国に押し上げました。その一方で、独自の進化をとげ、世界で最も豊かなサバンナ地帯といわれるセラードの生態系が危機にさらされています。さらに、セラードで大豆畑の生産が行われることにより、そこから追い出された牛の牧畜がアマゾンで行われるようになり、熱帯雨林の破壊が進行するという弊害も生まれています。セラードの水の枯渇も深刻です。８割もの木々が伐採され、大豆を育てるために川や地下水から大量の水をくみ上げているからです。これは、アマゾンの乾燥化の原因の一つとなっています」（同）。

現在、日本政府は、頭文字をとってＭＡＴＯＰＩＢＡ（マトピバ）と呼ばれるブラジル４州での開発プロジェクトを推進しており、アマゾンと接しているセラード地域で、日本の面積の２倍もの広大な面積での農業開発を行おうとしています。印鑰さんは「これ以上のセラードやアマゾンが破壊されるなら、それは人類の生存をさらに困難にするでしょう」と危機感をつのらせます。

日本政府も、これまでアマゾンやセラードの破壊に加担してきたことを直視し、ボルソナロ政権との経済協力も見直すべきではないでしょうか。フランスはブラジルを自由貿易協定からの除外を警告、ドイツも賛同、ＥＵでのブラジル農産物の拒否も検討されています。「そうした中、日本政府の対応が問われている」と印鑰さんは言います。日本がボルソナロ政権に甘いスタンスをとるならば、日本に対する批判も避けられないでしょう。「ブラジルの人々も大多数がアマゾンが守られることを望んでいます」（印鑰さん）。「地球の肺」「生物多様性の宝庫」であるアマゾンを国際社会全体として守っていくことが重要なのです。

3．アマゾンを守るためには

印鑰さんは、アマゾンの森を救うためには、私たちの「食」を変える必要があると言います。「人間が食べているものというのは、必要な水とか食べ物というのは実は足りています。しかし、問題なのは、この地球には７００億匹の家畜がいるんですね。この家畜のたった２%、つまり14億頭ぐらいの牛が食べる穀物が人間が食べる穀物よりもはるかに多い。例えばブラジルでは、全畑の50%が家畜のために使われています。アルゼンチンはさらに多く65%。この結果、今、アルゼンチンでは飢餓層が生まれてきています。なぜかというと、このような農業が推進されたからです。私たちが食生活で、肉を減らす。特に牛肉。これはやはり大きな意義があると思います。鶏肉とか豚肉はまだまだ影響は低いと思います。ただ、私たちが肉を食べまくるというようなことは、やはり地球に良くないということになると思います。アマゾン大火災もそうですが、様々な環境問題を引き起こす原因の中に、工業的な食があります。だから、食を変えることによって世界の諸問題を解決していく食の民主主義『フードデモクラシー』、生態系を守る農業『アグロエコロジー』が大事だと思います」。

アマゾンを守る上でもう一つ重要なこと。それは、アマゾンの森に暮らす、先住民族の人々を守ること。「アマゾンの森が破壊される中で、森が残っている地域は、先住民族の土地としてブラジル政府が認め、憲法で認められた権利をもつ土地。そこに先住民以外の人が入るためには政府に特別な許可を求めなければなりません。そのために森が守られてきました。しかし、今年に入って、先住民族の土地でも放火され、牧草地や農場の開発のために先住民族を殺してしまうような事件が相次いで起きています。ＦＡＯ（国連食糧農業機関）によれば、世界の生物多様性の８割は先住民族が守っているとのことです。だからこそ、先住民族の存在とその持続可能な食農システムを守るということはひじょうに大事なのです」（印鑰さん）。

印鑰さんは、個人の問題にしないで、皆で共に考えていくことが必要だと強調します。

「よく『私に何ができますか』ということを聞かれます。もちろん個人でやることはとても大事なんですけれども、システムを変えなきゃいけません。食のシステムを変える。みんなが食べているものを変える。あるいは政治を変える。みんなに開かれた共同の議論、共同の政策にしていかないと、地球環境の破壊は止められないと思います」。

アマゾンの先住民族を日本から支援する方法もあります。１９８９年に設立された熱帯森林保護団体（ＲＦＪ）は、日本で会員からの会費や一般からの寄付を集め、先住民族の人々への様々な支援事業を展開してきました。そのＲＦＪが近年力を入れている活動の一つが、先住民族による消防団事業です。ＲＦＪ代表の南研子さんは、その意義をこう語ります。

「アマゾン南部シングー川流域の先住民族保護区の森では、近年、４月から９月まで続く乾季に森林火災が多発するようになっています。これは、保護区を取り囲む大農場から乾き切った熱風が吹き込むことで、森の乾燥化が急速に進んでいるためです。先住民族は数千年にわたって持続可能な形の伝統的焼畑を営んできました。しかし、以前は自然に消えていた焼畑の火入れの火が、いまは乾燥化によって森の中にまで延焼してしまうケースが増えています。また、金の採掘や高級木材の伐採などで保護区に入る不法侵入者たちの火の不始末も、火災発生の原因となっています。こうした森林火災を防ぐために、カヤポ民族とユジャ民族の若者たちが消防団を結成しました。『生活をささえてくれる大切な森を自分たち自身の手で火災から守りたい』と、消防団員をはじめ、コミュニティ全体が真剣にこの事業に取り組んでいます」。

ＲＦＪは、カヤポ民族とユジャ民族の消防団に、背中に背負うタイプの水タンクと散水機など消防用具や機材を提供、専門家による講習や消防団のリーダー育成などの支援を行っています。こうして各村々の消防団が、森林火災が大規模になる前に、消し止めます。アマゾン大火災の最中でも、ＲＦＪが支援する消防団の活動地域の近くでは、大規模な被害は発生しませんでした。「やはり、大規模になると消火は困難ですから、火事の規模が小さいうちに消火することが大事なのでしょう。消防団の役割の重要さが証明されたと言えるのではないか、と思います」（南さん）。

さらに、２０１８年からは、消防団員たち自身の発案により、火災で焼けた跡の森林復活事業も始まったとのこと。「化粧品の原料として商品価値の高い実がなる、この地域原産の木を植林することで、消防団事業の経済的自立の一助にしたいと若者たちは張り切っています」（南さん）。

ＲＦＪは、日本国内でも、毎年アマゾンの先住民族保護区に通っている南さんの講演、現地の文化や状況を知るための展示などの活動を行っています。まずは、こうしたイベントなどに参加し、アマゾンの先住民族について知ることから始めても良いかもしれません。

4. 東南アジアの森林の危機
―ベッキーさんが訴える

チョコレートやスナック菓子、インスタント麺、シャンプーや洗剤――普段、私たちが食べたり、使っているものに含まれるパーム油。このパーム油のために、東南アジアの熱帯林が破壊され、そこに住む野生生物たちは絶滅の危機に追いやられています。環境や人権に配慮したパーム油を求める環境NGOのキャンペーンに、人気タレントのベッキーさんが参加。パーム油の問題を伝える短編アニメ動画のナレーションに協力しました。

ベッキーさんが日本語ナレーションを担当したアニメ動画『ランタンの物語』は、

パーム油問題を伝えるアニメ動画の日本語ナレーションに協力したベッキーさん
（グリーンピース・ジャパン提供）

元は、グリーンピースUK（イギリス）が制作したもの。女の子の部屋に迷い込んできた、オランウータンの子ども〝ランタン〟とのやり取りを通じて、パーム油と森林破壊の関係について訴えるという内容です。この動画を観て、心打たれたベッキーさんは、当初字幕付きで公開されていた動画への日本語ナレーションを引き受けたのだそうです。

「最初、ビジュアルの可愛さに興味を持ったんですが、見たら驚きの情報が詰まっていました！」「パーム油のことはぜんぜん知らなかった。むしろ、自然っぽくていいのかな？　と思っていました。でもこの動画を見て、その背景にある問題を知れてよかったです」。

＊ベッキーさんがグリーンピース・ジャパンに寄せた感想

パーム油による森林破壊の実態はどのようなものなのでしょうか。「パーム油は、アブラヤシという植物の実から絞（しぼ）った油です。東南アジアでは、森林を切り開いてアブラヤシのプランテーション（農園）をつくっており、そうやって生産されたパーム油が日本はじめ世界各国へと輸出されているのです」と、グリーンピース・ジャパンの林恵美（えみ）さん（サポーター・ジャーニー戦略企画）が解説します。「インドネシア政府によれば、同国では、１９９０年から２０１５年にかけて、２４００万ヘクタールもの森林が失われたと言われています」（林さん）。

つまり、日本の森林の総面積に近い規模で森林が失われたとのことです。インドネシアでの森林破壊の原因には、木材利用や紙パルプのためのプランテーションも含まれているとはいえ、いかにパーム油が同国の環境にとっての脅威か、思い知らされます。

インドネシアの森林は生物多様性の宝庫。その森林が破壊されることにより、多くの野生生物が絶滅の危機に瀕しています。「カリマンタン島（ボルネオ）でのオランウータンの生息数は半減してしまいました。ベッキーさんがナレーションで協力してくれた動画でも触れている通り、1日あたり25頭のオランウータンが森林破壊にからみ、命を落としています」（林さん）。

このままでは、オランウータンが絶滅してしまうのも時間の問題です。また、スマトラ虎やスマトラ象など、絶滅が危惧される動物が生息するテッソニロ国立公園（スマトラ島）の森林も「その4分の3以上が違法パーム油のプランテーションに転換されています」（林さん）と言うのです。

問題は、生物多様性への悪影響にとどまりません。林さんは「気候変動（地球温暖化）への悪影響も大きい」と語ります。「プランテーションの拡大に伴い、大量の炭素が蓄えられている泥炭地が開発されることにより、ぼうだいな量の温室効果ガスが排出されてしまっています」（林さん）。泥炭地の開発や森林伐採とそれに伴う大規模山火事など、パーム油に関係する温室効果ガスの大量排出は深刻です。「インドネシアは中国、米国に次ぐ、世界第3位の温室効果ガス排出国になってしまっています」（同）。

パーム油の生産に伴う環境破壊を止めよう――世界の人々が声を上げた結果、2018年末、世界のパーム油の40％を供給する業界最大手「ウィルマー社」（本社シンガポール）が動いたのでした。

「グリーンピースの各国支部は、ウィルマー社やその主要顧客企業に対する集中的な国際化キャンペーンを張り、世界１３０万人もの人々がパーム油のための環境破壊を止めるよう署名しました。そして２０１８年12月に、ウィルマー社はそれまで徹底されていなかったＮＤＰＥ、つまり『森林破壊ゼロ、泥炭地ゼロ、搾取ゼロ』のポリシーを遵守する新方針を公表しました。それによれば、２０１９年末までにサプライヤーの全土地を特定し、人工衛星を使った森林破壊の監視を行い、違反したサプライヤーとの取引を停止するというものです。私たちグリーンピースは、ウィルマー社が新方針通りに対応するか、監視していきたいと思います」（林さん）。

日本企業も主に食品会社や外食産業、洗剤関連企業が大量のパーム油を使っている他、みずほ、三菱ＵＦＧ、三井住友といったメガバンクがウィルマー社など現地パーム油関連企業へ多額の融資を行ってきたという経緯があります。

林さんは「業界最大手のウィルマー社がＮＤＰＥポリシーを徹底するなら、状況は好転するでしょう」と語ります。「日本でもより多くの人々が、パーム油がどのように生産されるのか、関心を持っていただければと思います」（同）。

5. パーム油発電が森林破壊

パーム油が環境や森林破壊につながっていることは、すでに述べた通りですが、そのパーム油を「エコなエネルギー」としてバイオマス発電に利用、しかも固定価格買取制度（ＦＩＴ）で一般の人々の支払う電気料金から高値で買取させる、というひどすぎる案件が進行中です。

旅行会社大手のH.I.S. は現在、宮城県角田市にバイオマス発電所「H.I.S. 角田バイオマスパーク」を建設中で、この発電所はパーム油を燃料とします。これに対して国内の環境ＮＧＯや学識経験者、専門家らが一斉（いっせい）に反発。H.I.S. の澤田秀雄（さわだひでお）社長に申し入れを行いました。

申入れ者代表で、環境社会学者の長谷川公一教授（東北大学大学院）は、パーム油による発電が、いかに環境負荷が高いかを訴えます。

「森林破壊による火災、泥炭（でいたん）地開発による温室効果ガスの排出など、パーム油による発電は地球温暖化対策としては不適切です。欧州（おうしゅう）委員会の調査によれば、化石燃料の中で最もCO2排出係数の高い石炭火力発電よりも、２倍以上ものCO2をパーム油発電は排出します。そのため、米国ではパーム油を燃料とすることを認めておらず、欧州でも利用を制限する動きが強まっているのです」（長谷川教授）。

高まる批判に対し、H.I.S. 側は「環境に配慮（はいりょ）したＲＳＰＯ認証のパーム油を使用する」と弁明します。しかし、国際環境NGO「FoE Japan」の満田夏花（みつたかんな）・事務局長は「RSPO認証のパーム油だからバイオ燃料に使っても良いというわけではありません」と指摘（してき）します。「パーム油を発電のために大量に燃やすことにより、需要（じゅよう）が爆発的（ばくはつてき）に拡大することが問題です。インドネシアやマレーシアのプランテーション開発を促し、結果的に森林破壊を促進（そくしん）することになります」（満田さん）

実際、「H.I.S. 角田バイオマスパーク」は、年間7万トンというぼうだいな量のパーム油を燃料とします。

「これは日本の食用などの従来のパーム油の消費量の1割に相当する量です。これに対し、RSPO認証のパーム油は日本では市場流通のわずか数パーセントにすぎません。H.I.S. は、どうやって十分な量のRSPO認証パーム油を

H.I.S. のオフィス前で、パーム油発電の見直しを求める環境 NGO メンバーら

確保するのでしょうか？」（満田さん）。

いかにＲＳＰＯ認証パーム油を確保するのか。私は、H.I.S. に問い合わせましたが、この点についての具体的な回答はありませんでした。

問題なのは、H.I.S. 一社だけではありません。経産省・資源エネルギー庁へＦＩＴ登録されているパーム油発電の総発電容量は、２０１７年時点で４６０万kW、つまり原発４・６基分に達します。これらの発電施設を稼働（かどう）させるには、世界の燃料用パーム油の年間生産量の約半分というぼうだいな量のパーム油が必要となります。

その後申請（しんせい）を取り下げる企業も出てきたため、現時点でのパーム油発電のＦＩＴ登録は、１７８万kWへと減少しました。それでもなおぼうだいな量のパーム油が必要であり、日本のバイオマス業界団体は、燃料用パーム油確保のためＲＳＰＯ認証のパーム油だけでなく、インドネシアやマレーシア政府の環境基準によるパーム油の使用を認めるよう求めています。

しかし、これらの環境基準は「森林破壊の歯止めになっていない」と環境ＮＧＯなどから批判を受けているものです。環境に悪いと知りながら、なぜ日本企業はパーム油を使ったバイオマス発電を行おうとしているのでしょうか。それはバイオマス発電による電気は、再生可能エネルギーとしてＦＩＴ（固定価格買取制度）によって電力会社に高値で買い取られるため、安定して利益を出しやすいからでしょう。

その点、資源エネルギー庁の責任も大きいと言えます。早くからパーム油発電の問題を指摘し、資源エネ庁でのＦＩＴに関する有識者会議でも意見陳述（ちんじゅつ）した自然エネルギー財団の相川高信（あいかわたかのぶ）上級研究員は「バイオマスとして、パーム油による発電事業がＦＩＴ申請されることは、資源エネ庁にとっては想定外だったのでは」と語ります。「ですから、ＲＳＰＯ認証のパーム油に限るとしてハードルを上げたのでしょうが、そもそもパーム油発電をＦＩＴの対象としてしまったこと自体がまちがいだと思います」（相川さん）。

前出のFoE Japanは他の環境ＮＧＯとともに、H.I.S.に対してパーム油発電施設の建設を停止するよう求める署名を行っています。

第六章
生物多様性を守ろう

1. 動植物の4分の1、100万種が絶滅の危機に

ＣＭでおなじみのモデル／女優のローラさんは、２０１9年1月、自身のインスタグラムでも、「いまは密猟によってゾウの数がすごく減ってきているんだ。どうか象牙製品を買う人が少なくなりますように」とメッセージを、微笑ましいゾウの親子の動画と共に投稿。「人間と同じ感情をもっていて、大切なものを失った時に心にポッカリと穴が空く感情や悲しみがあると涙を流したり、怒ったりもするんだ。そして長い年月たっても、愛する者をずっと忘れない感情もあるの」と、ゾウが賢く感情豊かな生き物であることを紹介すると同時に、そのゾウたちが象牙目的の密猟によって殺され、野生での生息数を急激に減らし続けている問題を訴えました。

ゾウやトラ、ゴリラやコアラなど、動物園でもおなじみの動物たちは、今、野生ではその数を減らし続け、絶滅が心配されています。つまり、その生き物自体がこの世界から全ていなくなってしまうかもしれない、ということです。

国連の「生物多様性及び生態系サービスに関する政府間科学政策プラットフォーム」（IPBES）が2019年5月に発表した報告書は、大変ショッキングなものでした。同報告書は、動植物の4分の1、約100万種が「絶滅の危機に瀕しており、その多くは対策が取られなければ、今後数十年以内に絶滅しかねない」と警告しています。陸上ではすでに、在来種が1900年以降20％以上も絶滅。現在も40％以上の両生類、約33％のサンゴや海洋哺乳類も絶滅の危機にあります。これらの急速な絶滅原因は、生息地の破壊や、密猟・密漁、農薬や化学物質による汚染など、私たち人間の活動によるものです。

rolaofficial Save The Elephantsという象の保護活動を行っている施設を訪れたんだ。こちらの施設では象が野生の自然の中で安全に生活ができるように、その動きや生体数を管理しているの。象はとても頭がよく、最近は川に水を飲みにいく時間帯を真夜中にして象牙目的の人間に見つからないようにしてるんだ。いつ襲われるか怖がりながら道を歩くなんて本来の象はしなく

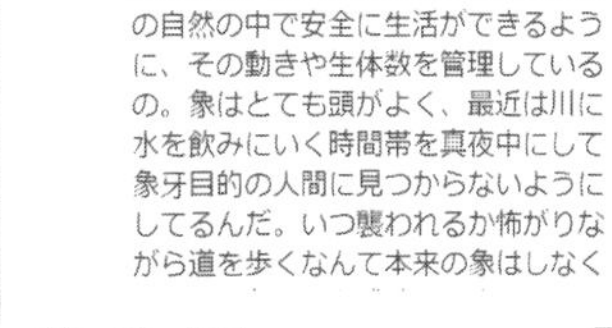

ローラさんのインスタグラムより：アフリカ現地を訪れ、ゾウの保護活動を視察

地球は人間だけのものではなく、生物多様性（様々な種類の動植物が数多くいて、人間もその恩恵を受ける豊かな生態系があること）を、いかに維持していくかは国際社会の重要課題となっています。

日本も２０１０年に生物多様性条約第10回締約国会議のホスト国となり、同会議でまとめられた、２０２０年までに生物多様性の損失を食い止めるための緊急かつ効果的な行動目標は、開催地となった愛知県の名を冠して「愛知目標」と名づけられました。私たちには、地球の生物多様性を守っていく責任があります。

2. 動物園で人気の動物たちも絶滅の危機

動物園などでも人気の動物が、深刻な危機にさらされています。例えば、マウンテンゴリラも生息数が約１０００頭と、絶滅の危機にあります。その原因の一つが携帯電話の生産に必要なレアメタル「タンタル」の採掘です。携帯電話の爆発的な普及と共に需要が高まり、採掘のためにアフリカのコンゴ共和国などで、ゴリラのすむ森が破壊されている上、鉱夫たちの食料とされたりするなどゴリラが殺され続けているのです。ただ、一方で保護活動も行われており、２０１８年のＩＵＣＮ（国際自然保護連合）の報告では、その数が回復傾向にあるとされています。

ＩＰＣＣが「平均気温が４℃上昇すると、全生物の40％以上の種が絶滅する」としているように、温暖化は多くの生き物にとって大変な脅威です。ジャイアントパンダも、野生のものは絶滅してしまうかもしれません。２０１２年に米中の共同研究チームが発表した研究報告によると、このまま地球温暖化が進めば、野生パンダの約5分の1が生息する中国北西部・秦嶺(しんれい)山脈の、餌(えさ)となる3種の笹(ささ)が全滅すると予測しています。

コアラにとっても、温暖化はすでに大きな脅威になっています。ただでさえ、宅地造成や鉱山開発のための森林伐採(ばっさい)で生息に適した環境が奪(うば)われている上、オーストラリアでは、近年、地球温暖化が原因とされる干ばつがひんぱんに起きており、それに共う山火事も発生しています。2019年秋から2020年2月までの山火事で数万頭のコアラが焼死したと言われます。さらに、人間がCO_2をどんどん排出(はいしゅつ)して大気中の濃度(のうど)が上昇すると、主食であるユーカリの木の葉の栄養分が失われて、コアラは絶滅してしまうのでは、と懸念(けねん)されています。

温暖化は、気温の変化から逃げることのできない、高山に住む生き物、生息地が開発などにより分断されている生き物など、動くことのできない動植物などにとって、大きな問題となります。日本でも、環境省報告によると、クマゲラなどの希少な鳥類、カモシカ、ツキノワグマなどが生息するブナ林が2℃上昇で39％減少、3℃以上で68％減少すると危惧(きぐ)されているのです。

また、CO_2濃度の上昇は海の生き物にとっても深刻な影響を及ぼします。海水が多くのCO_2を含むことで酸性化するのです。海水の酸性化が進むと、サンゴや貝類、カニやエビなどの甲殻類(こうかくるい)が殻をつくれなくなります。IPCCによれば、温暖化対策を何もしなかった場合には甲殻類の2割以上、軟体(なんたい)動物の約5割の種が影響(えいきょう)を受けるとされています。

温暖化による海面上昇も、大きなリスクです。亜(あ)熱帯・熱帯地域の海岸沿いの浅瀬(あさせ)に生い茂(しげ)るマングローブ林は、多くの小魚が育つ「海の揺りかご」ですが、海面上昇で消失する恐れがあります。ウミガメが産卵場所とする砂浜もなくなってしまいます。

3.「エイリアン・スピシーズ」外来種問題

もともと、そこにいなかった生き物を人間がペットや家畜などとして持ち込む、あるいは、経済のグローバル化で人や物が世界各地を移動する中で、植物の種や昆虫などの小さな生き物が紛れて、意図せずに持ち込まれる、エイリアン・スピシーズ、いわゆる外来種問題も、生物多様性への大きな脅威となっています。もともと、そこに住んでいた生き物（在来種）を外来種が食べてしまったり、住処やエサを奪ってしまったりする問題が世界各国で起きています。

日本でも、釣りのために持ち込まれたブラックバスやブルーギルといった魚が、タナゴやモツゴといった在来種（ざいらいしゅ／もともとそこにいた種のこと）の魚を食べてしまい、大きな問題となっています。また、世界的には、ペットとして持ち込まれたネコが逃げたり、捨てられたりした後、現地の野鳥や小動物を食べてしまうことが、各地で大きな問題となっています。

外来種は、時に多くの生物を絶滅させたり、絶滅寸前までに追いやります。例えば、ＩＵＣＮが定める「外来種ワースト１００」にリスト入りした外来種で、カエルなどの両生類の５０１種を絶滅、あるいは、その数を大幅に減少させているカビの一種カエルツボカビの被害は本当に深刻です。なぜ、カエルツボカビが各国に持ち込まれたか、詳しいことはよくわかっていませんが、１９５０年代の朝鮮戦争の際、兵士やその荷物に付着して広がったか、カエルの研究者に付着して広がったなどの説があります。

人やモノが短時間かつ大変な数で移動する現代、外来種や疫病は以前にも増して拡散しやすい状況にあります。検疫や殺菌をしっかりする、安易に動植物を移動させないなど、外来種の対策を徹底するべきなのです。また、環境省は「外来種被害予防三原則」をまとめています。これは、むやみに外来種を入れないこと、ペットなどにしている外来種を捨てないこと、すでに野外に放たれてしまった外来種を他の場所に広げないようにすること、という原則です。環境省は、市民・事業者・行政それぞれがこの原則を心にとめ、行動することが重要だと呼びかけています。

4. アフリカゾウの危機と日本の関係

この章のはじめで紹介した、ローラさんが訴えたゾウの危機。その背景には何があるのでしょうか。認定NPO法人「トラ・ゾウ保護基金」の事務局長、坂元雅行弁護士は「密猟が行われる理由として、象牙が高く売買されるということがあります」と語ります。「象牙目的の密猟で、毎年、約2万頭のゾウたちが殺されています。野生生物の国際取引を規制するワシントン条約では象牙の国際取引は禁止されており、各国も税関での取り締まりを強化していますが、それだけではゾウの密猟に歯止めをかけることができませんでした」（坂元弁護士）。

野生のゾウをめぐる昨今の状況はきわめて深刻です。現地の自然保護官たちの必死の密猟防止パトロールにもかかわらず、特にコンゴやカメルーンなどアフリカ中部で密猟が多発しています。その結果、アフリカゾウは100年前の約3％にまで減少。15分に1頭のペースでアフリカゾウが殺されており、このままでは、10年もたたないうちにアフリカゾウは絶滅してしまうと危惧されているのです。

「そのため、国際取引の禁止だけでは不十分であるとの認識が広がり、2015年には当時のオバマ米国大統領と中国の習近平(しゅうきんぺい)国家主席が、国内市場での象牙の売買も禁止することで合意しました」（坂元弁護士）。

大阪で摘発された大量の密輸象牙（2006 年）　写真提供：トラ・ゾウ保護基金

象牙の最大の市場である中国が、２０１７年末に象牙の国内取引の禁止に踏み切ったことは、ゾウたちにとって朗報でした。また、中国や米国のみならず、世界各国が象牙の国内取引の規制を強化しました。その例外が日本です。「日本ほど、国内市場で堂々と象牙が売買されている国は他にありません」と坂元弁護士は顔をしかめます。２０１９年夏に、スイス・ジュネーブで開催された絶滅が危惧される動植物の国際取引についての条約の国際会議「第18回ワシントン条約締約国会議」（ＣＯＰ18）でも、アフリカ32カ国が日本に対し象牙市場の閉鎖を求めました。

「前回のワシントン条約締約国会議で全ての締約国に対し国内の象牙市場の閉鎖を求める勧告が採択されました。ところが、日本政府は『我が国は勧告の対象外』だという立場を取っているのです」（坂元弁護士）。

象牙の国内流通を禁止しない日本政府の言い分は、「国内で流通している象牙は、ワシントン条約で国際取引が禁止された１９９０年以前の在庫であり、密猟象牙は日本にはほとんど入ってきていない。したがって日本国内市場での象牙売買と野生のゾウ密猟とは無関係」というもの。しかし、坂元弁護士は日本での象牙の管理には、大きな抜け穴があると言います。

「国内で象牙を売買するには、１９９０年以前の象牙であると環境省指定の機関に登録する必要があります。しかし、『１９９０年以前からあった』と自己申告するだけで登録できてしまう。そのため、虚偽の申告で登録されている象牙が相当数あるとみるべきです。実際、２０１８年11月、宮城県警が摘発した象牙売買事案では、不正に買い取った象牙を『家族が昔から持っていた』などと偽って登録した会社経営者が略式起訴されています。宮城県警は、本事件で制度の抜け穴が利用されていたことを環境省に報告したとのことですが、捜査する側としては、こんないい加減な制度では困るということでしょう」（坂元弁護士）。

登録制度の「抜け穴」について、私が環境省に問い合わせると「今後、放射性同位体による年代測定結果や、年月日が表示されたネガフィルムを提出させるなど、１９９０年以前のものである確認を厳格化して参ります」（同省自然環境局野生生物課）と言います。しかし、そもそも、象牙の登録制度は全形を保持した象牙が登録対象で、分割された牙や、印鑑・アクセサリーなど加工された象牙は対象外で、国内外の専門家やＮＧＯが「抜け穴」だと批判してきました。

日本政府の「日本には象牙が密輸されていない」とする主張も楽観的すぎるでしょう。坂元弁護士は「日本の税関が違法象牙を見つけられていないだけの可能性が高い」と指摘します。ＥＴＩＳ（ワシントン条約のゾウ取引情報システム）によれば、２０１１年から２０１６年の間に日本から中国への象牙の密輸出１１３件のうち、その94％は中国で押収された事件であり、日本で輸出の差止めに成功したのは全体の６％に過ぎません。「つまり、税関をすり抜けてしまう違法象牙は、日本政府側が把握しているよりも、かなり多いのではないかということです」（坂元弁護士）。

また、国内の象牙の在庫管理についても、「トラ・ゾウ保護基金」は、２０１９年5月末にまとめた報告書の中で、「出所不明の象牙が合法化(ごうほうか)され、在庫され続けている」「適切な証明もなしに、条約適用前の時期に取得されたものとして登録を受けた全形牙が、年間2300本に迫るペースで、合法市場に流入している」と、その問題点を指摘しています。

過去の経緯からみても日本の責任はきわめて重いと言えるでしょう。自然保護団体「アフリカゾウの涙」代表理事の山脇愛理(やまわきえり)さんは「1980年代、約130万頭いたアフリカゾウは、62万頭までに半減しました」と語ります。「当時の象牙利用の内、62%が日本によるものであり、毎年消費される日本での象牙の約8割を占めるのが、判子の材料としての利用でした」(同)。

国際的な批判にもかかわらず、なぜ日本は国内の象牙取引を続けるのでしょうか。坂元弁護士は、「印鑑を扱う業界が、官僚(かんりょう)と結託(けったく)して抵抗(ていこう)しているからです」と言います。「今後、押印(おういん)手続に代わり、本人確認のデジタル化が推進され、行政やビジネスにおいて印鑑が使われる場面が激減するでしょう。印章業界が、印鑑登録制度の存続を訴えるなら、国際的な批判を伴う血塗(ちぬ)られた象牙でなく、チタンやカーボンファイバーなど別の高級印材を使っていくことが、業界の自助努力による印鑑存続の努力というものではないでしょうか」(同)。

「アフリカゾウの涙」は自然保護団体「WILDAID」と共に、象牙ボイコットキャンペーン「#私は象牙を選ばない」。特設サイト(https://noivory.jp)で署名を集めていくとのこと。本キャンペーンには、フリーアナウンサーの滝川クリステルさん、ミュージシャンの石井竜也さん、元ラグビー日本代表の廣瀬俊郎さんらが賛同メッセージを寄せています。

5. アジアでのトラを守る取り組み

現在、進行している生物多様性の危機はきわめて深刻ですが、自然保護団体もがんばっています。世界自然保護基金（ＷＷＦ）の東南アジアでのトラやヒョウを守るための取り組みについてご紹介しましょう。

東南アジアの、インドシナ半島メコン川流域に広がる森林は、かつてはトラやヒョウ、アジアゾウやテナガザルなどの野生動物の楽園でしたが、この地域での人口増や経済発展に伴う開発により、多くの動物たちが絶滅の危機にひんしています。中でもトラ亜種の一つ、インドシナトラは、カンボジア、ベトナム、ラオスでは、ほぼ壊滅、タイでも約２００頭を残すのみ。貴重なインドシナ半島のトラを護るためには、トラたちが生息する森林

幻の東南アジアのトラ（WWF チャンネルより）

自体を保全することが重要です。

　そのためには、どこにトラが暮らしているのか、どの地域を優先的に保全していくのかの計画を策定するための情報が必要です。WWFジャパンは、タイとミャンマーの国境沿いの森林地帯でWWFタイと協力して現地での調査活動を行っていて、ミャンマー側でも調査を進めています。そうして集積された情報をもとにタイ、ミャンマー両国政府に森林の保全を働きかけるためです。

　トラの調査を行うために不可欠なのが、無人カメラ。トークイベント「メコンの森で野生動物を覗き見る」で、WWFジャパン森林グループの川江心一さんは「熱帯林では、下草や落ち葉が地表をおおっているため、足跡は頼りになりません。高温多湿で微生物の活動も活発なためフンの分解も早く、個体識別のためのDNA採取は難しいのです」と解説します。

「だから、トラが通りそうなところにセンサーで自動撮影するカメラを設置し、体の模様で個体識別するのです」（同）。

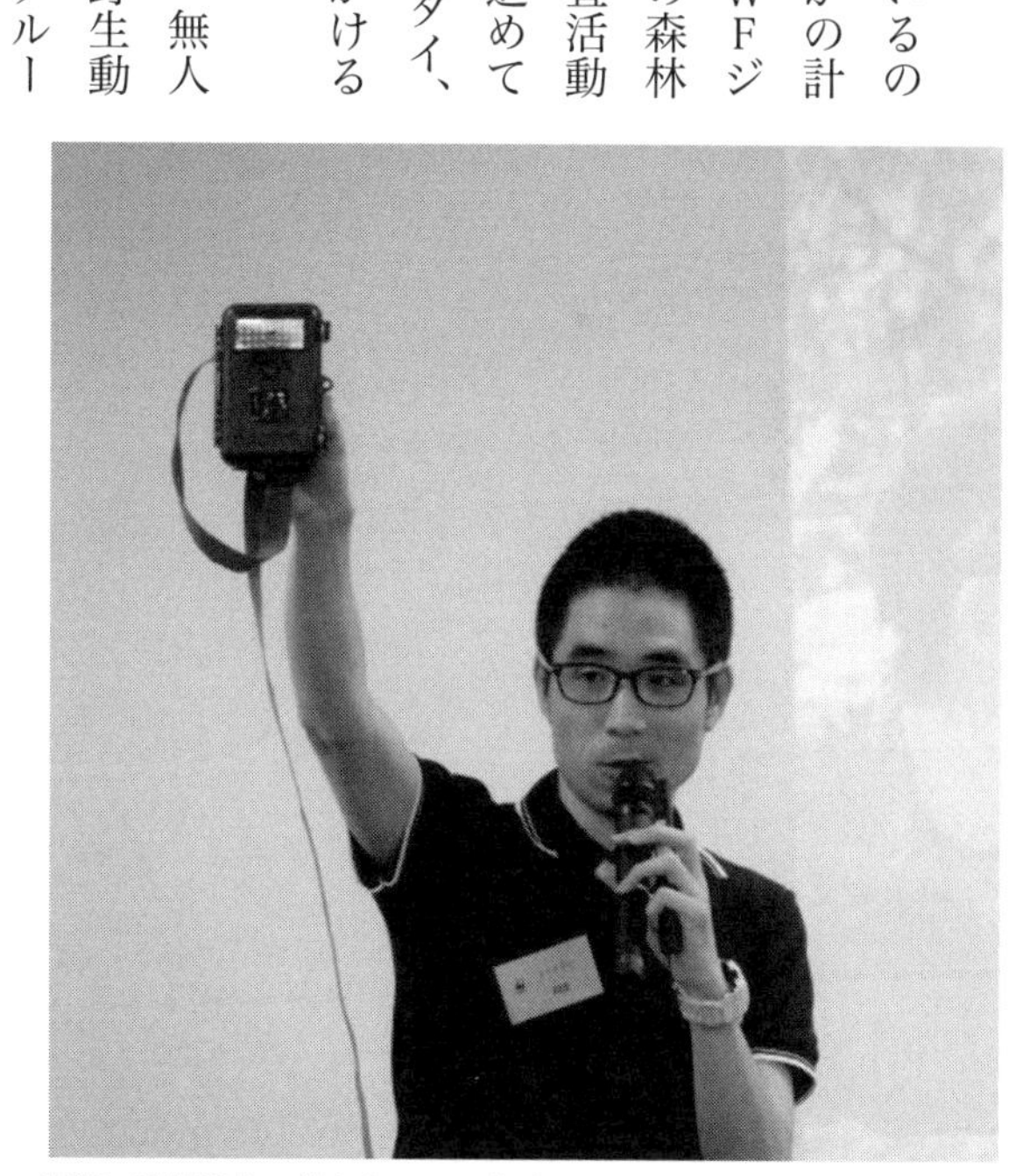
実際に現地調査で使われている無人カメラをみせる川江心一さん

調査の対象となる国立公園の大きさは東京都の2倍という広範囲なもの。

「道路もないような森の中でキャンプしながら、1～2週間かけて無人カメラを設置していきます。また、定期的にデータの回収やバッテリーの交換なども必要です」（同）。

こうした調査は、ＷＷＦジャパンへの寄付によって支えられていると川江さんは言います。

「５０００円あれば、レンジャー一人が1日、森林の中で調査する日当や食料、装備費などをまかなうことができますし、2万円あれば、調査用の無人カメラを1台新たに買うことができます」（同）。

東南アジアで急速に森林が失われている主な原因の一つとして、天然ゴムの生産のための農園拡大があげられます。天然ゴムは、ゴムの木の樹液からつくられますが、今、東南アジアの森林が次々にゴムの木の農園へと変えられているのです。

「世界の天然ゴムの約7割が、東南アジアで生産されており、そうした天然ゴムの約7割が自動車のタイヤのために使われています。ですから、東南アジアでの森林の危機は、日本にも無関係ではないのです」（川江さん）

ミャンマーやカンボジア、ラオスでは２０００年代に入ってゴム農園が激増。このままのペースでいくと、２０３０年にはメコン地域のほとんどの森林が分断され、その生態系を維持することができなくなる見込みです。ＷＷＦジャパン及びＷＷＦミャンマーは、ミャンマー政府とも情報・意見交換し、開発せずに森を残すべき場所を明確にするなどの「土地利用計画づくり」を進めているとのことです。

また、ＷＷＦは世界のタイヤメーカーとも話し合いを重ね、２０１８年10月、持続可能な天然ゴムのための新たなグローバルプラットフォーム、ＧＰＳＮＲ（Global Platform for Sustainable Natural Rubber）が立ち上げられました。

6．ミツバチを守ろう──ネオニコチノイド系農薬の脅威

世界の昆虫の約４割が今後数十年の内に絶滅する──そんなショッキングな論文が学術誌『バイオロジカル・コンサベーション』（２０１９年４月号）に掲載されました。これはオーストラリアのシドニー大学、クイーンズ大学の研究者らの研究で、「昆虫の大絶滅が地球の生態系に与える影響は控えめに言っても壊滅的」だと警告しています。昆虫は、生態系の中で重要な役割を担っています。「ポリネーター（送粉者／そうふんしゃ）」、つまり、植物の花粉を運ぶ役割

ネオニコチノイド系農薬についての
グリーンピースの報告書

です。花をつける被子植物は、地球上の陸上植物の約9割を占めていますが、そのほとんどが、送粉者によって花粉を運んでもらい、繁殖しています。逆に言えば、送粉者である昆虫がいなくなってしまったら、被子植物もまた滅んでしまうのです。

　では、なぜ昆虫たちは絶滅の危機にあるのでしょうか。「生息地の消失」「温暖化」「外来種」などの他、「農薬の使用」が昆虫たちへの脅威としてあげられています。そして、送粉者の中でも、特に重要な役割を担っているミツバチたちが世界各地で大量死しており、その大きな原因として疑われているのが、ネオニコチノイド系の農薬なのです。

　ミツバチは数々の昆虫の中でも、特に優秀な送粉者です。世界食料農業機関（ＦＡＯ）によれば、世界のほとんどの国の食料の90％をまかなっている１００種類以上の農作物種のうち、70％以上がミツバチを経由して受粉しているとのことです。また、ＦＡＯの研究チームは、２０１４年10月に発表した報告書の中で、ミツバチを脅かしているのが、ネオニコチノイド系農薬であることを指摘しています。ネオニコチノイド系農薬とは、タバコに含まれるニコチンに似た化学物質を主な成分とする農薬です。昆虫の神経伝達を阻害する効果があり、農薬の他、身近なところでは、園芸用の殺虫剤、ゴキブリやシロアリなどの駆除剤、ペット用ノミ駆除剤にも使われています。一般社団法人アクト・ビヨンド・トラストは、日本でのネオニコチノイド系農薬の危険性の啓蒙活動を支援してきました。同団体のリサーチ・アシスタントの八木晴花さんは　ネオニコチノイド系農薬の特徴について、こう解説します。

「ネオニコチノイド系農薬は、１９９０年代に登場し、世界各地で使われるようになりました。その特徴として、水に溶(と)けやすく浸透性(しんとうせい)があります。植物の根から入り、その隅々(すみずみ)にまで行き渡(わた)ります。ですから、作物を洗っても、全部は落ちません。花粉や蜜(みつ)にもネオニコチノイド農薬は含まれていくので、ミツバチにとって、花粉や蜜が毒になってしまうのです。また、ごく微量(びりょう)でもミツバチにとって有害だとの報告もあります。水に溶けやすいため、ネオニコチノイド系農薬は農業用水や地下水に流出したりするなど、環境中に汚染(おせん)が広がりやすいという問題もあります。長期間、毒性成分が残るため、農薬を多用する日本では、毒性成分が環境に残留しやすいという問題もあるのです」（八木さん）。

ネオニコチノイド系農薬を規制していこうという動きもあります。国際環境ＮＧＯ「グリーンピース・ジャパン」の関根彩子(せきねあやこ)さんは「ヨーロッパではＥＵ（欧州連合）レベルで２０１３年末からネオニコチノイド系農薬の部分的な規制が始まり、フランスでは２０１６年３月の議決にもとづいて、２０１８年９月から全てのネオニコチノイド系農薬とフィプロニルの禁止を実施しました」と語ります。

一般にネオニコチノイド系と言われる農薬の成分として、アセタミプリド、イミダクロプリド、クロチアニジン、ジノテフラン、チアクロプリド、チアメトキサム、ニテンピラムの７種類があり、これと類似した性質を持つ農薬として、フィプロニルやスルホキサフロルなどがあります。これらの使用禁止や規制強化が欧州を中心に各国で進んでいるのです。

「ＥＵは、２０１３年にイミダクロプリド、クロチアニジン、チアメトキサムの３種のネオニコチノイド系農薬を2年間、一部用途に限り禁止としました。そしてその間、ネオニコチノイド系農薬の環境へのリスク評価を行ってきました。そして食品安全機関（ＥＦＳＡ）が、２０１８年3月に、ネオニコチノイド系農薬が野生のハチやミツバチに重大な危険を及ぼしているとする結論を出したことを受け、同年4月にネオニコチノイド系３種の農薬の屋外での使用の全面禁止が決定されました。また、フィプロニルは２０１７年９月に農薬としての認可が失効、チアクロプリドは２０２０年４月に失効となります。ＥＵ以外でも、カナダはオンタリオ州など、州レベルでの規制が進んでいますし、米国でも２０１９年５月、裁判の結果、ネオニコチノイド系農薬を使った農薬製品12種類が使用不可となりました。アジアでは、２０１４年に韓国が、ＥＵの２０１３年の規制と同じレベルでの使用禁止を発表しています」（関根さん）。

こうした規制強化の背景には、ネオニコチノイド系農薬を使用した地域で、ミツバチの大量死が相次いだことがあります。

「フランスでは１９９９年、ネオニコチノイド系農薬イミダクロプリドを広範囲に使用したところ、同国のミツバチの3分の1が死滅するという大惨事を招きました。ドイツでも２００８年に同国南部でミツバチが大量死しました。ドイツ養蜂専門業者協会によれば、同地域のハチの50～60％が死滅したそうです。死んだハチを調べると、ネオニコチノイド系農薬であるクロチアニジンが高い濃度で検出されました。イタリアはハチの減少に悩まされていましたが、ＥＵに先立って２００８年に暫定的な使用禁止をしたところハチの回復が顕著となった、との専門家の報告もあります」（関根さん）。

欧州を中心に世界でネオニコチノイド系農薬への規制が強化される中で、逆行しているのが日本です。「厚生労働省は、ネオニコチノイド系農薬を規制するどころか、クロチアニジンおよびアセタミプリドの食品残留基準を２０１５年に大幅緩和しました。最近、ネオニコチノイド系農薬が、妊婦から胎児へ移行することがもわかってきており、食の安全や健康影響という点でも大きな問題です」（関根さん）。

実際、２０１４年にはＥＦＳＡがネオニコチノイド系農薬のアセタミプリドとイミダクロプリドについて「低濃度でも人間の脳や神経の発達に悪影響を及ぼす恐れがある」との見解を発表。１日あたりの許容摂取量の引き下げを勧告しています。それにもかかわらず、日本では、アセタミプリドをセリ科野菜で１０００倍、クロチアニジンをカブ類の葉で２０００倍も緩めるなど、各野菜での残留基準値を大幅に緩和したのです。ＥＵと比較すると、アセタミプリドはイチゴや茶葉で60倍、クロチアニジンはキュウリで１００倍も残留基準値が大きいのです（アクト・ビヨンド・トラストの資料より）。

ネオニコチノイド系農薬がハチに悪影響を及ぼす事自体は、「蜜蜂被害事例調査」（２０１６年）の報告書で農水省としても認めています。ただ、現状の対策は、稲作農家がカメムシ駆除のため、ネオニコチノイド系農薬を大量散布する際、周囲の養蜂業者に知らせて、ミツバチの巣箱を一時的に避難させるというもの。しかし、巣箱を多く持つ養蜂業者にとっては、避難は容易ではなく、そもそも養蜂のミツバチだけ守れば良いというわけではありません。ネオニコチノイド系農薬の散布量や散布方法、散布地域などには何も規制がないため、野生のハチなど、周囲の生き物たちは被害を避けることができません。国立研究開発法人農業環境技術研究所の調査によれば、日本の各種農作物の実に７割が野生の送粉者（ハチ類やチョウ類）に依存していることが判明しています。

さらに、近年はネオニコチノイド系農薬が、ハチ以外の生き物にも悪影響を及ぼすとの研究が発表されています。国立研究開発法人・産業技術総合研究所と東京大学、島根県保健環境科学研究所などが、島根県の宍道湖で行った調査は、ウナギやワカサギといった魚類が、ネオニコチノイド系農薬のために激減していることを明らかにしました。2019年1月に学術誌『サイエンス』に掲載された論文によると、宍道湖に生息していたオオユスリカ幼虫やキスイヒゲナガミジンコが1993年を境に激減。この前年に、日本でイミダクロプリドがネオニコチノイド系農薬として初めて登録され、1993年の田植えが一斉に行われる5月頃に使用されたとみられています。オオユスリカ幼虫やキスイヒゲナガミジンコが激減したことで、これらを餌とするウナギやワカサギも激減させていた可能性があるということです。周辺でネオニコチノイド系農薬が使われた以外は、宍道湖の環境の変化はなかったため、同湖の生態系の急激な変化は、ネオニコチノイド系農薬以外に考えられない、ということです。

7．日本の農業の未来のためにも脱農薬

諸外国で規制が進み、その有害性もわかっているのに、なぜ、日本ではネオニコチノイド系農薬の規制が進んでいないのでしょうか。関根さんは「その大きな理由の一つは、米の等級付けを定めた農

産物検査法です」と指摘します。「同法での米の等級の基準として、米粒の一部が黒ずんでいる『着色米』の混入が少ないことが重視されるのです」。米の等級は1〜3等、規格外とあり、規格が下がれば価格も下がってしまいます。最も上質とされる1等米では着色米の混入は0・1％以下、2等米では0・3％までとされています。「着色米はカメムシの吸汁によるもので、米の等級を下げないために、ネオニコチノイド系農薬を使うことが多いのです」。

しかし、着色米は見た目が悪いだけで、食べても害はなく、味も普通の米と変わりません。また、精米業者に出荷された米の多くは、等級に関係なく色彩選別機で着色米が除去されるので、そもそも着色米の有無を米の等級の基準とすること自体に米農家からも疑問の声があがっています。関根さんも「消費者が重視するのは食味なのに、検査が見た目を重視することが農薬をむだに使わせることにつながっています。農家が農薬を使わない選択をしやすい制度にすべきです」と、米の等級付の基準見直しが必要だと言います。

関根さんは「この間、多くの農家さんと農薬について話をしてきましたが、若い農家さんたちは圧倒的に多くの人々が有機農業（農薬や化学肥料に頼らず環境に配慮した農業）を支持していました」と言います。「２００９年に農水省が行ったアンケートでも、回答した農家さんの半数以上が、条件が整えば『有機農業に取り組みたい』と考えていることがわかりました。この調査結果は少し古いですが、農水省の農業環境対策課に聞くと『今はもっと増えているのでは』とのことでした。上記の「条件が整えば」の一つは、販売先です。よつ葉生協や常総生協、コープ自然派などは、ネオニコチノイド系農薬を使わない農作物の割合を増やしています」（関根さん）。消費者として、有機農業による農作物を買って食べること、スーパーや八百屋さんにもっと有機農業による農作物をとりあつかうよう求めること。それがネオニコチノイド系農薬を止める上で大切です。

国際自然保護連合（ＩＵＣＮ）に助言する浸透性殺虫剤タスクフォース（ＴＦＳＰ）が取りまとめた、『浸透性殺虫剤に関する世界的な総合評価書（ＷＩＡ）更新版』（日本語訳：ネオニコチノイド研究会）は、輪作、害虫抵抗性品種の導入、生物学的防除の活用（天敵、捕食寄生者など）、その他の手段（ワナ、天然由来の殺虫剤など）の代替手段を提示。「ネオニコチノイド系農薬の使用は環境面で持続可能な農業の実践に逆行する。農家に何ら利益をもたらさず、土壌の質を低下させ、生物多様性を損ない、水質を汚染する。もはやこの破滅への道を歩み続ける理由はない」（ＴＦＳＰ副委員長）と結論付けました。生態系にも、人間社会にとっても脅威であるものを使い続けることは、もう止めるべきなのでしょう。

第七章

プラスチックごみを無くそう

1. インドネシアの少女たちが起こした奇跡(きせき)

コンビニやスーパーなど、日本では当たり前に使われているレジ袋。しかし、インドネシア・バリ島では、「環境を汚染(おせん)する」として、レジ袋(ぶくろ)が禁止されています。それは、２０１３年当時、10歳と12歳であった、少女たちが始めた活動によるものなのです。

世界有数の観光地として多くの観光客が訪れるバリ島。しかし、人々が捨てる大量のごみが美しい海岸を汚してしまっています。そんな状況に心を痛めたワイゼン家の姉妹メラティさんとイザベルさんは、レジ袋をなくそうと「バイバイプラスチックバッグ」という活動を立ち上げました。学校の友達や同年代の若者たちに協力を求め、ＳＮＳで活動を広めていきました。やがて、バリ島中の子どもたちが「バイバイプラスチックバッグ」に参加していきました。メラティさん、イザベルさんたちは、海岸でゴミ拾いをしたり、講演を行ったり、エコバックを配ったり、バリ島内のお店やレストランをまわりレジ袋廃止への賛同を求めました。さらに、年間1600万人が乗り降りするバリ空港でのレジ袋廃止署名活動を行いました。子どもたちの熱意を大人たちも無視できなくなり、「バイバイプラスチックバッグ」は、バリ島での最大級の環境保護運動に発展。さらに、メラティさんとイザベルさんはハンガーストライキまで行って、レジ袋廃止をバリ州の知事に求めました。

　これには、バリのワヤン・コスター州知事も、すぐさまメラティさんとイザベルさんを自分のオフィスに招き、レジ袋廃止を約束しました。そして、2018年末、コスター州知事は、プラスチック製の袋やストロー、発泡スチロールの使用を禁止すると発表したのです。

　「すごいことをするのに、大人になるまで待つ必要はありません」「子どもには無限のエネルギーと世界が必要とする

バイバイプラスチックバッグのウェブサイトから

変化を起こすモチベーションがあります」「やりましょう！　変革を起こしましょう」─メラティさんとイザベルさんは、世界最高峰のスピーチイベント「ＴＥＤ」で、そう呼びかけました。たった二人の少女が始めた活動の成果は、バリ島のみならず、プラスチック問題に頭を悩ませる世界の人々に大きな希望を勇気を与えたのです。

2. 海洋プラスチック問題とは？

海洋プラスチック問題は、近年、新たに世界的な課題となっています。レジ袋やペットボトル、その他のプラスチック容器、さらには漁網などの漁業関係のごみなど、様々なプラスチックのごみが海に流出してしまっています。その量は、少なくとも年間８００万トンといわれ、これは東京スカイツリー（本体重量約４万１０００トン）の約１９５基分という、すさまじい量です。

プラスチックごみは、自然の中で分解しづらく、数十年から数百年という長期間、自然の中に存在し続けます。そして、誤って食べてしまったり、漁網や釣り糸などが絡まってしまったりと、海鳥やウミガメ、アザラシ、クジラなど海の生き物たちは、プラスチックごみによって、傷ついたり、命を落としたりしてしまいます。さらに、海岸での波や日光（紫外線）などの影響を受けるなど、５ミリ以下に細かくなったマイクロプラスチックは、海を漂い、生物の身体に蓄積されていきます。そのことにより、どのようなことが起きるのか。まだ詳しくはわかっていませんが、何らかの悪影響が及ぶのではないか、とも懸念されています。

世界の人々が使い捨てプラスチックを使う限り、海に流出するプラスチックの量はどんどん増えていくことは確実です。世界経済フォーラムの報告によれば、２０５０年にはプラスチック生産量はさらに約４倍となり、「海洋プラスチックごみの量が海にいる魚を上回る」と予測を発表しているのです。

海洋プラスチック問題に対応するための、国際的な動きも始まりつつあります。２０１８年６月にカナダで開催されたＧ７（主要７カ国首脳会議）では、プラスチックのリサイクル・再利用や使い捨てプラスチック製品の大幅削減など具体的な行動を各国に求める「海洋プラスチック憲章」が採択されました。ただ、この海洋プラスチック憲章に署名したのは、カナダ、フランス、ドイツ、イタリア、イギリスとＥＵだけ。米国と日本は署名を拒否し、国際社会から批判を浴びました。

その１年後、２０１９年６月に大阪で開催されたＧ20サミットでは、海洋プラスチックごみによる新たな汚染を２０５０年までにゼロにすることを目指す「大阪ブルー・オーシャン・ビジョン」が合意されました　しかし、これに対し、グリーンピース・ジャパンや、一般社団法人ＪＥＡＮ、容器包装の３Ｒ（リデュース、リユース、リサイクル）を進める全国ネットワークなど、日本で活動する24団体は共同で声明を発表。大阪ブルー・オーシャン・ビジョンの合意を歓迎しつつも、対策として不十分であると指摘しました。その理由として、大阪ブルー・オーシャン・ビジョンの「２０５０年までに」という達成期限が遅すぎること、そして、「法的拘束力のある各国のプラスチック使用削減目標設定を含む実効性のある枠組み」がないことをあげています。その上で、

１．海洋プラスチック汚染問題を包括的に解決するための、２０３０年までのプラスチック使用量

の大幅削減目標を含む、法的拘束力のある国際協定の早期発足に主体的に貢献していくこと。

2．2030年までの意欲的なプラスチック使用量削減目標を、日本政府が率先して早急に設定し世界に示すことで、同様の動きを働きかけていくこと。

3．NGO、市民団体との実質的な対話や連携を開始すること。

の3つの政策を行うよう、求めています。

3．マイクロプラスチックのやっかいさ

海などに流出したプラスチックごみのやっかいなのは、日光や波などによって細かく砕けたマイクロプラスチックの状態になると、回収が事実上不可能になる上、様々な海の生き物の体内に蓄積してしまうことでしょう。日本でのマイクロプラ

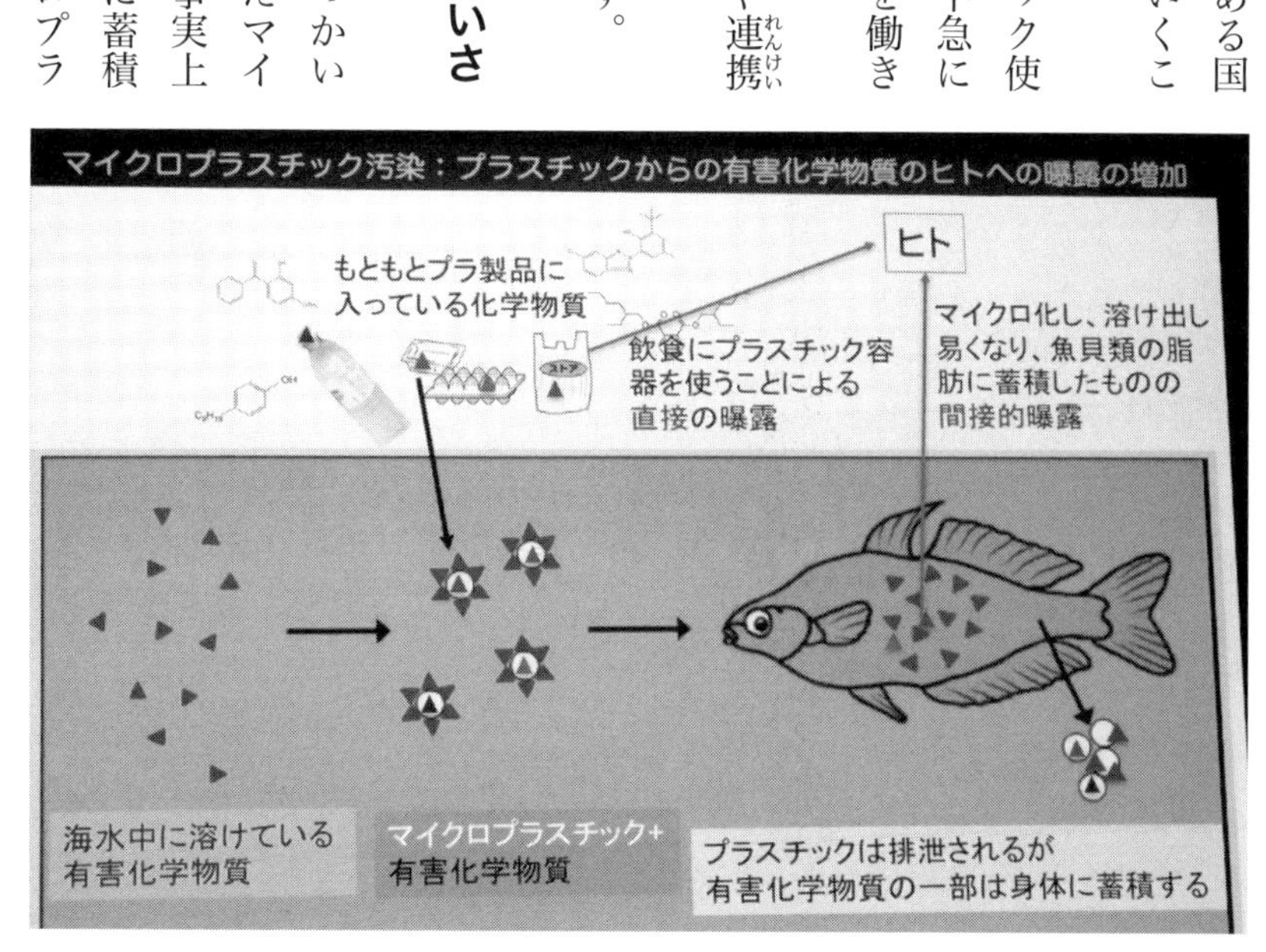

高田秀重教授のプレゼン資料より

スチック研究の第一人者である高田秀重・東京農工大学教授は、マイクロプラスチックが生物に与える影響を懸念しています。

「マイクロプラスチックが、生物の体内で油分を持った消化液と接触すると、溶かし出されて脂肪や肝臓に移行する。プラスチック自体が体外に排せつされても、有害化学物質が生物の体に蓄積するというところが、マイクロプラスチックの一番の問題だと考えられます。加えて、水の中に微量に溶けている有害な化学物質も吸着されます。水の中に溶けているものの吸着ということでは、ＰＣＢであるとかＤＤＴという過去に使われた有害な化学物質が、低い濃度なんですが溶けています。水中では水に溶けにくいので低い濃度なのですが、油に溶けやすい性質を持っている物質です。プラスチックというのは固体状の油ですので、そこにいろんな化学物質がくっついてくることになります」。

高田教授は沖縄県の座間味島で、マイクロプラスチックのヤドカリへの影響を調査しました。座間味島には、美しい海岸がある一方で、海流の流れの影響で、様々なプラスチックごみが漂着しているところでもあります。「プラスチックごみが漂着している浜でヤドカリの消化管を調べると、大量のマイクロプラスチックが見つかりました。そういう個体について、別な器官である肝臓やすい臓の中を調べると、有害化学物質が検出される個体が多いということがわかってきました」（同）。

海外の研究では、マイクロプラスチックによって鳥が影響を受けているという報告もあります。

「オーストラリアのジェニファー・レイバースという研究者が、同国に生息するアカアシミズナギドリという鳥について行った調査です。この鳥はプラスチックを食べてしまうということで、比較的、有名になっている鳥です。この鳥から血液を採って、カルシウムとかコレステロールなどの成分を測ってみたのです。プラスチックを食べて胃の中にプラスチックがある個体と、プラスチックを食べず胃の中にプラスチックがない個体に分けて測りました。これは非殺傷型の調査で、プラスチックは鳥から吐き出させて調べ、血液も鳥に負担のないように少量を採って測ったとのことです。その結果、胃の中にプラスチックがない個体と、ある個体で見てみますと、プラスチックがある個体のほうが血液中のカルシウム濃度が下がっているという結果が得られています」（高田教授）。

化学物質によって、鳥たちのカルシウム代謝が悪化するという問題は、かつて米国とカナダの国境沿いにある五大湖では、周辺都市や農地で農薬として使われたＤＤＴという科学物質による汚染によって引き起こされた実例があります。卵の殻が薄くなって孵化しなかったり、くちばしが曲がってしまったりと、五大湖の水辺に住む鳥たちに重大な健康被害をもたらしたのでした。そのような被害が、アイクロプラスチックによっても引き起こされるのかもしれないのです。

マイクロプラスチックによる害は、人間にも悪影響を与えるかもしれません。高田教授は「プラスチックに汚染された生物自体を人が食べる場合もあるでしょうし、いろんな食物連鎖を通して、人間がマイクロプラスチックやそれに含まれる有毒物質を摂取する可能性があります。我々が今まで考えていた以上に、このプラスチックの添加剤に、我々自身が暴露されているんじゃないかと考えています」。

高田教授は、マイクロプラスチックが人体へどの程度の害を及ぼすのか、それが大きいのか、小さいのかはこれから調べていく必要があるとした上で、「予防的な措置として、プラスチックの使用自体を減らしていく必要があるのではないか」と言います。これは、「予防原則」というもので、人の健康や環境に重大かつ不可逆的、つまり、取り返しのつかない悪影響を及ぼす恐れがある場合、科学的に因果関係が十分証明されない状況でも、規制できるようにするということです。１９９２年の国連環境開発会議（ＵＮＣＥＤ）リオ宣言でも、原則15で予防原則について定めています。

また、予防原則という観点だけでなく、国連の持続可能な開発計画（ＳＤＧｓ）での「持続可能な消費と生産のパターンを確保する」「気候変動（温暖化）への具体的な対策」から、プラスチックを使う量を減らすことが必要なのです。

「大阪ブルー・オーシャン・ビジョンの中で安倍首相が、２０５０年に海に新しく流入するプラスチックをゼロにすると言っています。これは、海に入る量をゼロにするだけが目標なのか、結局は陸上でプラスチックを集めて燃やしてしまうということを考えているんじゃないかと、かんぐらせるような発言でした。もともとプラスチックの大半は石油からつくられている素材です。有限な石油からつくられているものに頼り続け、リサイクルせずに燃やしてしまうのならば、ＳＤＧｓ12目標『資源の持続的な利用を達成する』の実現を遠ざけてしまうことになります」「より大きな問題はＳＤＧｓ13、『気候変動への具体的な対策』との関係になります。石油からつくられているプラスチックを集めて燃やせば、CO_2が発生します。そうすれば温暖化がより進んでしまうということ。この目標13を遠ざけてしまう問題にもなります」（高田教授）。

4. 日本はプラスチックをリサイクルしていない

例えば、ペットボトルの分別など、日本ではプラスチックのリサイクルがきちんと行われていると思っている人々は多いでしょう。ただ、残念なことに実際のデータを見てみると、日本ではプラスチックのリサイクルがうまくいっている、とは言えない状況があります。環境省のまとめによると、日本のプラスチック廃棄物(はいきぶつ)は年間９４０万トン（２０１３年のデータ）。このうち、約57％が「熱回収」、サーマル・リサイクルへとまわされます。これは、プラスチックを燃やして、その熱で蒸気タービンを動かし発電するなどのことを意味しますが、高田教授が指摘(してき)している通り、もとは石油であるプラスチックを燃やすことは温室効果ガスであるCO2を発生させます。また約18％は、熱回収に利用されることもなく、単純に焼却(しょうきゃく)されたり、埋(う)め立てられています。

さらに環境省が「リサイクル」だとしているものも、その内訳を見ると、純粋(じゅんすい)にプラスチック製品の材料としてリサイクルされるのは、わずか3％ほどです。それとは別にケミカルリサイクルといって、プラスチックごみを化学反応させ有効活用するものが3％ほどありますが、こちらも燃料に使われるパターンが多いのです。

また、全体の2割弱は、「再生樹脂(さいせいじゅし)」としてアジア各国に輸出されます。直近の２０１７年の統計によれば、日本は世界第3位の廃(はい)プラスチック輸出大国です。これらは「資源」として輸出されるのですが、受け入れ先で有効活用されるだけではなく、野焼きされたり、環境に流出したりもしています。そのため、日本からの廃プラスチックの主な受け入れ先であった中国は、２０１７年末から輸入を禁止。そのため、日本はタイやマレーシア、ベトナムなどに廃プラスチックを引き受けてもらっていますが、これらの国々でも、規制が強化されていますので、いずれ日本の廃プラスチックは行き場を失うと見られています。

5. いかにプラスチックごみを減らしていくか

プラスチック問題に詳しい共同通信編集委員の井田徹治さんは、「日本は、使い捨て大国の一つ」だと言います。「年間のペットボトル生産量は２０１６年には２２７億本。今は２３０億本を超えたと言われています。業界の人に言わせると、９割方の回収率を誇っていると言われますが、２２７億本のうち、今の回収率が88・9％なんで、未回収のものを計算してみると、25億本にもなる。これらが、どこかへ行ってしまって一部が海に出るということになります。レジ袋というのが、もう一つの使い捨てプラスチックの重大な悪役の一つなんですが、どうも最近だと５００億枚ぐらいになって、これは石油換算だとペットボトル50億本ぐらいだと言われています。ペットボトルと違って、回収やリサイクルがぜんぜん進んでいません。決して日本はリサイクル大国でも何でもなく、実は使い捨てプラスチック大国でして、この背景にあるのが、24時間３６５日のコンビニ文化であり、２２４０万台といわれる24時間の自動販売機の存在。その大方はペットボトルなどの飲料です」（井田さん）。

なぜ、プラスチック製品は使い捨てされるのでしょうか。井田さんは「プラスチックはあまりにも安過ぎるので、使い捨てをされるのです」と指摘します。

「日本の場合は、自治体負担でごみ処理をしたり、回収までやっています。だから、企業はプラスチックを売ってもうけるだけで、回収費すら負担していません。ごみ処理や、ごみが引き起こすその後の環境問題のコストを全く負担していないのです。そうした企業などに、プラスチックを処分する最後のコストまで負担させる仕組み、拡大生産者責任という仕組みが必要になってきます。拡大生産者責任については、OECD（経済協力開発機構）ではガイドラインをつくっていて、実は、世界の環境政策を考える上では常識になっています。

しかし、日本のプラスチックごみに関する容器包装リサイクル法は、消費者が分別し、市町村が回収、企業が再商品化するという仕組みです。実際に何に一番お金がかかるかというと、この分別と回収です。自治体は税金でまかなわれていますから、実はわれわれが、企業が本来負担すべき回収費用まで、年間で2500億円も負担をしているということになります。企業が再商品化に払っているお金は、年間380億円しかありません。これは明らかに不公平なので、拡大生産者責任という原則を徹底（てってい）して、企業の負担にしないと、削減のインセンティブは出てこないと思います」。

企業の自主的取り組みに任せて規制がないことも問題です。「最大の問題はコンビニですね。各コンビニチェーンが加盟しているフランチャイズチェーン協会は、レジ袋の有料化に強く反対しています。レジ袋の有料化は2006年に一回まとまりかけたんです。それでも結局、コンビニ業界の反対でつぶれました。コンビニ業界は、自主目標でレジ袋の30％の辞退率を目指すとしていますが、自主取り組みはぜんぜんできていない。やっぱり税金のような経済的手法でコストを負担させると同時に、使用禁止などの規制が必要だと思います」（井田さん）。

第八章

食と水、私たちの生活を変えよう

1. 大量消費、大量廃棄(はいき)を見直そう

世界の人々が今の生活を続けるなら地球が3つ必要になる—国連は「持続可能な開発目標」(SGDs)の目標12「つくる責任　つかう責任」として「持続可能な消費と生産のパターンを確保する」ことを求めています。現在、地球上には約70億人の人々が生活しており、2050年には約96億人にまで世界の人口は増えるとされています。そうした中で、私たちの生活も、より持続可能なものへと変えていかなくてはいけません。それは、化石燃料を使うことをやめ、再生可能エネルギーを中心とする社会にしていくことはもちろんのこと、大量生産、大量廃棄という経済のあり方も見直さなくてはいけません。

例えば、現在、世界の人口の9分の1、つまり8億１５００万人が飢餓に苦しみ、開発途上国では、3人に1人の割合で、子どもたちが栄養不足のために発育不良となっています。その一方で、世界の年間食料生産量の3分の1にあたる約13億トンが、全く食べられないまま、あるいは食べ残しとして廃棄されています。こうしたムダの多い現在の食料生産・消費は、世界の温室効果ガス排出量の約23%を占めており、農地のための土地利用は森林破壊や生物多様性の危機にもつながっています。

水の利用を改めることも重要です。国連によれば、現在、世界の人口の約4割が水不足の影響を受けていますが、人口の増加や温暖化の影響などによって、この割合はさらに増えると予測されています。飲料に適した安全な水を確保できないことが主な原因として、世界中で毎年２００万人以上が、下痢による脱水症状で命を失っています。死者のほとんどは子どもです。

その一方で、農業や工業には大量の水が使われています。例えば、たった一つのハンバーガーでも、それをつくるまでに家畜の餌となる作物を育てるなどで、約１０００リットルの水が必要です。また、衣服をつくるにも原料となる綿花を育てるなどで、大量の水が使われます。木綿のＴシャツ1枚をつくるために約２７００リットルもの水が、ジーンズ1本では約７５００リットルもの水が必要です。ところが、日本では、市場に供給されている衣料品の半分以上が一度も着られることもなく廃棄され、焼却されたり埋め立てられたりしているのです。

環境に大きな負荷がかかるライフスタイルを見直し、より地球に優しい食べ物や商品、サービスを選んでいくことが、今、求められています。

2. ファッションと環境

ファッション業界は、大量の水を使用する業界です。国連貿易開発会議（UNCTAD）のまとめによれば、ファッション業界は毎年、93億立方メートルもの水を使用しています。これは、日本最大のダムである黒部ダムの貯水量（5億立方メートル）のおよそ46・5倍、小学校のプールで言えば1860万倍という、ぼうだいな水量です。また、全世界の廃水（はいすい）の20％がファッション業界からのものです。さらに服の生産に大量のエネルギーを使うファッション業界から排出されるCO_2は、世界全体の8％以上で、これは航空業界と運送業界の合計を上回るものです。衣服のひんぱんな買い替えと廃棄を促すファストファッションの広がりによって、世界の衣料品の生産量は2000年から2014年までの間に2倍に増えていますが、地球環境への負荷は大きく、大量生産、大量消費のファッション業界のあり方自体を見直さなくてはいけません。

英国ロンドン市にあるアートデザインの名門大学「ロイヤルカレッジ・オブ・アート」の院生であった、ラウラ・カーロプ・フランゼンさんは、卒業製作のファッションショーで自分の作品を出すかわりに、廃棄された布を詰（つ）めた十数個の袋と共に、20人の仲間たちとダイ・イン（死んだふりをする抗議（こうぎ））するというパフォーマンスを行いました。彼女は、温暖化対策を求めてデモを行う環境団体「エクスティンクション・リベリオン（絶滅への抵抗）」のメンバーであり、同団体はファッション業界へのボイコットを２０１９年5月から開始。フランゼンさんのパフォーマンスもこれに合わせたものだったのです。エクスティンクション・リベリオンは、1年間、新しい服を買わず、古着やアップサイクル（廃棄物や使わなくなったものなどを素材としてスタイリッシュに活用すること）された服のみを買ったり、服の貸し借り・交換（こうかん）をするよう、呼びかけています。

面白いことに、こうしたファッション業界へのボイコット「#boycottfashion」を、新進のファッション・デザイナーたちも支持し、米国の有力なファッション誌の若者向け版である『ティーン・ヴォーグ』が取り上げています。

ファッション業界にも環境のために変わっていこうという動きがあります。２０１８年10月、アディダスやＨ＆Ｍなど人気ブランド43社が、国連気候変動枠組（わくぐみ）条約（ＵＮＦＣＣ）事務局と共に「ファッション業界気候行動憲章（けんしょう）」への参加を表明しました。同憲章は「２０１５年の排出量を基準に２０３０年までにCO_2排出を30％削減する」「温暖化防止に配慮した素材を使っていく」「製品を長く使ってもらえるようにする」などの16項目（こうもく）に取り組んでいくとしています。実際、着古した衣類やペットボトルから再生したポリエステルを使って製品を作ったり、衣料品を回収したりするなどの行動を始めているメーカーも出てきています。消費者としても、環境に配慮した服を選ぶことなどをしていくことが必要でしょう。

3．水を海外から輸入する日本

日本の穀物自給率はカロリーベースで4割以下。国産の牛や豚、鶏であっても、そのエサである穀物はほとんどが外国から輸入されたもので、それらの穀物には、外国の水資源が使われているのです。穀物などに使われる水資源を、仮に輸出する国ではなく輸入する国だけで確保した場合、一体どれほどの水量が必要なのか。それを試算したものを「仮想水（バーチャル・ウォーター）」と言います。東京大学生産技術研究所の沖大幹教授などのグループは、２００２年から日本における仮想水について研究・発表してきました。同グループの試算によると、仮想水の総輸入量は年間で約６４０億立方メートル。日本全体での年間の水使用量である約９００億立方メートルのおよそ3分の2にあたる水量を、海外の水資源に依存しているというわけです。

環境省は沖教授らの研究成果をもとに、そのウェブサイト上で「仮想水計算機」を公開しています。これは、食べ物の重量あたり何リットルの仮想水を使っているかを計算できるもので、例えば、肉類ですと１００グラムあたり、鶏肉で４５０リットル、豚肉で５９０リットル、食べる餌の量が多く成長にも時間がかかる牛の肉では２０６０リットルとなります。一般的なお風呂の浴槽の水量は２００リットルですから、１００グラムの牛肉を生産するのに、浴槽の10倍以上の水が必要だということです。

食料の多くを海外からの仮想水に頼る日本ですが、温暖化による異常気象によって、世界の水資源もますます危うい状況になっています。例えば、日本の小麦の自給率はわずか14％（２０１７年農水省統計）で、輸入元の第3位はオーストラリアですが、同国は２０１８年に深刻な干ばつにみまわれて翌２０１９年には輸出するどころか、輸入しないといけないほど小麦の生産量が大幅に落ち込みました。今後、世界の食糧事情が厳しくなることは確実で、私たちも、日本の食をどうするのか、真剣に考えるべきなのでしょう。

4．肉を食べすぎることの問題

私生活においても、極力、温暖化につながることをしないようにしているグレタ・トゥーンベリさんは、肉を食べません。肉用の家畜は、育てる上で大量の穀物を必要とし、そのために農地に投入される化学肥料から、強力な温室効果ガスである酸化窒素ガスが発生。また化学肥料をつくるためにも、大量の化石燃料が使われています。また、牛が餌を消化する過程で、ゲップやおならとして、やはり強力な温室効果ガスであるメタンが発生します。ＩＰＣＣ（国連の気候変動に関する政府間パネル）は、２０１９年8月に公表した報告書「気候変動と土地利用」で、農林畜産業とそれに伴う土地利用変化による排出は、世界の温室効果ガス排出量の約23％を占めるとしています。

好むにせよ、好まざるにせよ、今の農業のあり方では、今後、肉を食べる量を減らさざるをえないようです。ただ、肉に含まれるタンパク質は、身体そのものをつくる必須栄養素。人が生きていく上で欠かせないものです。肉食を減らす、あるいはベジタリアンになるにしても、タンパク質を摂取しないと、健康上の大きな問題を招くことになりかねません。豆類やナッツ類などから、植物性タンパク質をしっかり摂取することが重要です。日本食では、納豆や豆腐など大豆を原料とする食品は、植物性タンパク質が豊富です。

また、最近では、植物性の原料を使って、肉のような味や食感を再現する「代用肉」も注目されています。例えば、米国ではファーストフードチェーン大手のケンタッキーフライドチキンが、代用肉を開発するベンチャー企業ビヨンド・ミート社と提携、植物由来の代用肉フライドチキンを、２０１９年８月から一部店舗でのテスト販売を開始しました。今後、消費者の反応を見ながら、販売を拡大していくか見極めるとのことです。ビヨンド・ミート社の代用肉は大豆やエンドウ豆類を原料としており、植物性タンパク質を摂取することもできそうです。米国では、ビヨンド・ミート社やインポッシブルフード社など、植物性の代用肉を開発する企業に投資家から熱い視線が注がれており、こうした流れは、いずれに日本にも上陸することになるかもしれません。

5. 注目の技術、「培養肉」

代用肉と共に「新たな選択肢」として脚光を浴びているのが、家畜の細胞を培養し食肉にするという「培養肉」です。２０１９年３月、東京大学の竹内昌治教授らは日清食品ホールディングスなどと共同で、牛の筋細胞を培養し、サイコロステーキ状の筋組織をつくることに世界で初めて成功したと発表。私も竹内教授に取材しました。

「培養肉は世界各国で研究されていますが、そのほとんどは、ハンバーガー用などのミンチ肉状のもの。ステーキ肉のような構造を持たせるには、筋繊維が束ねられた構造を再現する必要がありました。私たちは、細長いゼリー状のコラーゲンの中で培養した牛の筋細胞同士を融合させ、それを重ねていくことで、筋組織特有の構造である『サルコメア構造』を作ることができました」（竹内教授）。

今回、つくられたサイコロステーキ状の培養肉は1センチメートル四方のもの。竹内教授はフィレステーキのような、より大きな培養肉を作ることを目指しているのだと言います。「培養肉を大きく育てるには、筋細胞に栄養を届ける仕組み、つまり血管のようなものを作る必要がありますし、味という点では脂肪細胞も筋細胞も一緒に培養する必要があります。これらの課題には、医療用の再生技術を応用していこうと考えています」（竹内教授）。

写真中央のサイコロ状の物体が培養肉

肉の培養では、若手ベンチャー企業のリーダーや、学生、ＯＬなどの取り組みも注目されています。１９８５年生まれの羽生雄毅代表取締役ＣＥＯ率いるインテグリ・カルチャー株式会社と、羽生さんと共に肉の培養実験を行う有志「Shoujinmeat」が、様々な工夫で驚異的なコストダウンと敷居の低さを実現しました。「当初、培養に多額のコストがかかったのは、培養液と成長因子（ホルモン）にお金がかかったから」と羽生氏は言います。「培養液は再生医療用のものだと高いしオーバースペックなので、私たちはスポーツドリンクやサプリメントなど市販のもので安上がりにつくりました。また筋細胞の成長を促すホルモンがすごく高いのですが、弊社ＣＴＯの福本景太が編み出した還流培養つまり人体と同じように、細胞にホルモンを作らせて、それを筋組織に与えるということです。こうしたノウハウにより、すでに3万円以下で培養できるようになり、ＤＩＹ（しろうと）感覚で学生やＯＬが自宅で肉の培養実験を行っています。Shoujinmeat のメンバーは学校の授業で肉の培養実験もやりました。これは恐らく世界初だと思います（笑）」。

　羽生さんやShoujinmeatは、培養肉を「純肉」と呼び、その培養方法をニコニコ動画などネット上で公開、小冊子にしてコミケで販売しています。羽生さんは「とにかく純肉作りの敷居を下げたい。肉を培養して食用にすることには、様々な意見があるでしょうけども、まずは実際にやってみてほしい」と語ります。

　羽生さんは「海外の研究では、肉の培養によって土地利用を98％、水の利用を95％削減できるという試算もある」「私たちとしては、２０２８年にはスーパーで純肉を買えるようにしたい」と語ります。動物を殺さずに、肉が食べられ、地球環境への負荷も少ないならば、それはとても良いことでしょう。

培養肉の今後にも注目したいところです。

6.「海のエコマーク」を選んで食べよう

問題は肉だけではありません。魚や貝などの海産物も過剰な漁獲や養殖に伴う環境への悪影響などで、そのあり方が問われています。マグロやウナギといった、それまで私たちが普通に食べていた魚たちの絶滅が危ぶまれているなど、今、多くの魚たちが乱獲によって、その数を激減させています。ＦＡＯ（国連食糧農業機関）などによれば、世界の海洋漁業資源の約33％が乱獲状態にあるとのことです。日本の漁獲量は、３２７万トンで、世界第7位（２０１７年）、水産物の輸入金額は、１４２億ドルで、世界第2位（２０１６年）。世界の漁業資源を持続可能なものにする上で、日本の動向はひじょうに重要なのです。

日本の周辺の漁業資源の状況も深刻で、水産庁の統計によると、49％の漁業資源が枯渇状態にあるとのことです。こうした問題を解決するためには、「持続可能な水産物」が当たり前になるように、政府や民間、消費者が取り組む必要があります。

海のエコラベル
持続可能な漁業で獲られた水産物
MSC認証
www.msc.org/jp
TM

MSC 認証マーク

魚介類は、人間にとって貴重な食料であり、国連広報センターによれば海の幸を主たるたんぱく源としている人々は、世界全体で30億人以上とも言われています。私たちが魚を食べ続ける上で、何をすべきなのでしょうか。WWF自然保護室・海洋水産グループの前川聡（まえかわさとし）さんは「海のエコラベルに注目してほしい」と語ります。「MSC認証といって、持続可能で適切に管理され、環境に配慮（はいりょ）した漁業を認証する制度があります。スーパーなどで売っている魚にも、このMSC認証マークがついているものがありますので、ぜひ注目して下さい」。

MSC認証は、イギリスに本部のある「海洋管理協議会（MSC）」が定める、「持続可能な漁業のための原則と基準」に基づき、漁業による漁獲のあり方はもちろん、水産物の加工・流通の過程でも審査が行われます。これらの審査で基準を満たしていると認められた水産物に認証マークを与えるという仕組みです。

前川さんは「大まかに言うと、第1に、過剰な漁獲を行わず、資源を枯渇させないこと。資源が枯渇している場合は、回復できる場合のみ漁業を行うこと。第2に、漁場となる海の生態系やその多様性、生産力に悪影響を与えないかたちで漁業を行うこと。第3に、国際的、または国内、地域的なルールを遵守（じゅんしゅ）した漁業を行うこと、持続可能な資源利用ができる制度や社会的な体制をつくること、が原則となっています。また、資源状態や漁業の現状について調査を行い、情報を開示することや、加工や流通の過程で、MSC認証を受けた水産物に、そうでない水産物が混入しないことなども審査の対象となります」（前川さん）。MSC年次報告書（2017年度）によれば、現在、世界の漁獲量の

13％がＭＳＣ認証を受けているとのこと。

ＭＳＣ認証では「できる限り混獲を避け、それを防止する漁具などを使うこと」も基準とされます。混獲とは、漁業の対象となる魚種に混じって、対象外の魚や海鳥、イルカやクジラ、ウミガメなどを一緒に捕まえてしまうこと。実は混獲によって犠牲となる生き物たちの数はぼうだいで、その中には絶滅危惧種も含まれているのです。「混獲によって犠牲となる野生生物は年間で、イルカ・クジラ類が30万8000頭、ウミガメ類が43万匹、海鳥は72万羽（延縄漁、刺し網漁による被害合計）にもなると推計されています。

混獲を防ぐため、ウミガメは沿岸に設置される定置網にひっかかって死んでしまうケースがよくあるので、網から出られるウミガメ用出口のある網も開発されています。また、延縄漁で、マグロやカツオをおびき寄せるため釣り針につけた小魚を狙って、水中に飛び込んで自分もひっかかってしまう海鳥の混獲を防ぐため、延縄漁を行う船の船尾に、長い棒の先に吹き流しやテープを付けたロープを空中にはためかせることによって、鳥が近づけないようにする『トリライン』という仕掛けも活用されています。また、海鳥は深く潜っても水深10メートルほどなので、それより深くに、素早く釣り針を沈めることが重要です。そのため、延縄漁用の釣り針に重りをつけた『加重枝縄』、それを改良した『二重枝縄』なども開発されています。こうした、混獲防止のための漁具を普及させていく上でも、ＭＳＣ認証は重要なのです」（前川さん）。

そもそも、日本の漁業が漁業資源からわりあてられた制限を大幅に超えて漁獲しているという問題があります。

「持続可能な漁業のために一定期間内の許容可能な漁獲量とされるABClimitが守られていない、という問題です。ABClimitは、科学者によって資源の現状や回復力を考慮して勧告されるものですが、漁業に携わる国際機関や各国政府が設定する実際の漁獲可能量（TAC）は、ABClimitに応じて決定されるわけではないのです。マグロやサケなど、日本の排他的経済水域をこえて回遊する魚種を除いた日本周辺で漁獲される50魚種、生息する海域ごとのグループ84系群のうち、TACが設定されているのはサンマやスルメイカなどわずか7魚種19系群だけです。しかも日本では、かつてABClimitをはるかに上回るTACが設定されていた期間があり、資源量が回復していない魚種もあります。またTACが設定されていない魚種（非TAC魚種）の場合、今もなお約半数がABClimitを上回る量が漁獲されており、中にはABClimitの3倍以上も漁獲されている魚種もあります。例えば、ホッケやサワラ、ヒラメなどは、ABClimitを大きく上回る漁獲が行われています」（前川さん）。

7. 養殖魚にも海のエコマーク

海の豊かさを守る上では、天然の魚介類を獲る漁業だけではなく、養殖のあり方も変えていかなくてはいけません。人の手で魚や貝を育てる養殖による水産物は、世界的に規模が拡大、天然魚介類の漁業を上回り、世界の水産物消費全体の53％を占めていますが、実は養殖も餌となる魚は天然の漁業資源に頼っています。例えば、マグロ1匹育てるのに、体重あたりで15倍の餌の小魚が必要であり、それらの小魚は海で漁獲されたものです。漁獲される天然の魚全体の3分の1は、魚粉や魚油に加工され、その多くが養殖魚の餌などに使われており、魚粉に頼らない代替の餌を開発・普及させていく取り組みも重要です。また、卵からの養殖技術が商業的に確立していないウナギは、稚魚を捕まえて成魚まで育て、市場に流通していますが、ウナギの稚魚の捕りすぎが問題となっています。さらに養殖による海洋汚染（餌の残りカスや、病気を防ぐための抗生物質など）、養殖場のための海岸のマングローブ林の開発なども深刻です。

こうした問題を解決していく上で重要なのが、ASC認証。養殖の「海のエコマーク」と言えるものです。前出の前川さんはASC認証で重視される3つのポイントとして、「自然資源の持続可能な利用」「養殖そのものが及ぼす環境への負荷を軽減」「これらに配慮した養殖業に携わる地域の人々の人権を守り暮らしを支える」ことだと言います。「日本では、2016

ASC認証マーク

年に宮城県戸倉地区のカキ養殖が日本初のＡＳＣ認証を取得し、２０１７年には九州のブリ養殖業者2件、２０１８年に新たに宮城県石巻地区のカキ養殖と大分県のブリ養殖がＡＳＣ認証に加わりました」（前川さん）。

8. 海の豊かさを守るには

日本における水産物の養殖が持続可能なものであるためには、ＩＵＵ漁業の追放も重要です。ＩＵＵ漁業とは、違法（Illegal）・無報告（Unreported）・無規制（Unregulated）な漁業のこと。ＩＵＵ漁業は世界的に問題になっていますが、とりわけ日本では、ウナギの養殖との関連が疑われています。

「絶滅危惧種であるニホンウナギは、ほぼ全てが養殖で生産されていますが、稚魚の人工ふ化技術は商業的には確立しておらず、河口で採取した稚魚や、海外から輸入した稚魚を養殖池に放流して育てられています。しかし報告されたシラスウナギの漁獲量と養殖池に放流された量（池入れ量）には、輸入量を差し引いても大きな開きがあり、ＩＵＵ漁業によるものだと考えられています」（前川さん）。

水産庁の統計によると、２０１０年から２０１９年にかけてのニホンウナギの稚魚のうち、漁獲の報告のない「国内採取」、つまりＩＵＵ漁業の割合は、平均で3割、多い年で5割以上だとのことです。さらに、輸入されているウナギの稚魚もその約半数がＩＵＵ漁業によるものだとの疑いがあります。

「輸入元の大半が、実際にはウナギの漁獲が行われていない香港からなのです」（前川さん）。

ニホンウナギの養殖をめぐっては、勝川俊雄・東京海洋大学准教授ら専門家が指摘しているように、そもそもの池入れ量の上限規制があまりに多く設定されすぎているという問題があります。まず、池入れ量の上限自体を実際の資源量に沿うものにしていく、つまり、ウナギの稚魚の乱獲をやめることが重要なのですが、同時に、ＩＵＵ漁業によるウナギが日本国内で流通してしまっているという現状も変えていかないといけません。例えば各スーパーがこぞってウナギを売ろうとし、結果として大量の売れ残りウナギが廃棄される「土用の丑の日」のシーズンの前後に、小売店にあるアンケート用紙やお客様窓口、ネットでのご意見投稿フォームなどで消費者としての意見を言っていくことも重要なのでしょう。

漁業資源の管理や魚の稚魚や貝の住処となる干潟を守る上で、海洋保護区を広げていくことも重要です。日本は第二次世界大戦後、工業や商業の用地、住宅地などの開発のために干潟を次々と埋め立て、かつての面積の約４割が失われました。命のゆりかごである干潟が減少していけば、当然、漁業資源にも悪影響が及びます。また、時期や魚の種類などにより禁漁区とすることで、減ってしまった漁業資源を回復させることもできます。開発や過剰な漁業から、魚介類を守る海洋保護区は、国連の「持続可能な開発目標」（ＳＤＧｓ）では、「２０２０年までに、少なくとも沿岸域及び海域の10パーセントを保全する」との具体目標がかかげられています。日本では、内閣府の評価では「排他的経済水域の８・３％が海洋保護区」としているものの、これらの大部分は「漁業生産において重用な海域」としての指定海域。規制の厳しい海洋保護区の面積割合は領海全体の０・１％にすぎません。真の意味での海洋保護区を拡大していく必要があります。

9．食品ロスを無くしていこう！

世界の「食」での緊急課題が、食品ロス・廃棄、つまりぼうだいな食品が、売れ残りや保管状況の問題から一口も食べられないまま廃棄される、あるいは食べ残しとして捨てられてしまう問題です。8億人以上の人々が飢餓に苦しみ、また食料のために自然環境が破壊され、生物多様性が脅かされている中で、世界の年間食料生産量の3分の1にあたる約13億トンが食品ロス・廃棄となってしまっているのです（FAO統計など）。

こうした食品ロス・廃棄は、生産から加工、輸送、そしてごみ処理の過程で、多量のCO2を排出します。その量は、年間で世界全体の排出量の8％と、日本の国としての排出量の全体の2倍以上という多さなのです。餓えている人々がいるのに食べ物をむだにし、地球環境にも悪影響を与えるようなばかげたことは、何としても止めなくてはいけません。

国連は「持続可能な開発目標（SDGs）」の一つとして、世界全体で2030年までに、小売・消費レベルにおける一人当たりの食料廃棄を半減する目標を掲げています。また、日本国内でも食品ロス削減推進法が2019年10月1日に施行されました。関係省庁への政策提言など、食品ロス削減推進法の成立に尽力したのが、全国フードバンク推進協議会です。同協議会の米山広明事務局長に取材しました。

「農水省の推計値（２０１６年度）によれば、日本において、まだ食べられるのに捨てられている食品は食品関連事業者から約３５２万トン、一般家庭から２９１万トン、あわせて年間６４３万トンに及びます。国連世界食糧計画（ＷＦＰ）の食糧援助量は３８０万トン。つまり、日本だけでその１・７倍の量を廃棄していることになります。本当にもったいないですよね」（米山さん）。

一方で、日本においても格差が拡大し、子どもの貧困が深刻化しています。厚労省によれば、日本における２０１５年の相対的貧困率、つまり、収入から税金や社会保険料を引いた実質の手取り分での収入の高低で、真ん中の値の半分に満たない層が13・９％。つまり、40人学級の場合であれば、そのうち６人が相対的貧困にあるということです。

「相対的貧困にある世帯の子どもたちは一日のうちまともな食事が給食だけ、ということもあり、こうした子どもたちには支援が必要です。そこで、私たちが取り組んでいるのがフードバンク活動です。一般の家庭や企業から余った食品や、安全に食べられるのに、包装の印刷ミスや外箱の変形などで売れない食品を寄付してもらい、福祉施設や食品の支援を必要とする世帯に無償で提供するというもので、食品ロス削減や子どもの貧困問題対策として全国に取り組みが広がっています」（米山さん）。

全国フードバンク推進協議会は、加盟する33の団体の活動支援や、政策提言をすることで、フードバンク活動を普及、推進しています。フードバンク活動は欧米では長い歴史があるものの、日本ではまだまだ知られておらず、支援のための食品を集めるのにも一苦労だといいます。

「大きな課題としては、寄付する企業の免責ですね。提供品による食中毒などのリスクを懸念して二の足を踏む企業さんは少なくありません。米国では、ビル・エマーソン食料寄付法というものがあって、故意または重大な過失が無い限り、食料を寄付した企業が責任を問われることはありません。日本でも同様の制度が必要でしょう」（米山さん）。

食品ロス削減推進法が施行されたことを受け、日本政府は２０１９年度中に基本方針をまとめるとしています。その基本方針の中にも、企業の免責について調査・報告を行うことが含まれます。廃棄される食品自体を減らすための業界の取り組みも重要です。

「いわゆる、『3分の1ルール』という納品期限についての慣習があります。例えば、賞味期間が6カ月の商品だと、卸業者は賞味期間の『3分の1』にあたる2カ月以内にスーパーなどの小売店に納品しなければいけません。2カ月より納品が遅れた商品は店頭に並ばず、メーカーに返品されたり廃棄されたりしてしまいます」（米山さん）。

食品ロス削減推進法では、「事業者の責務」として、食品ロス削減に取り組むことが明記されています。農水省の発表によれば、２０１９年10月の時点で、総合スーパー11社、食品スーパー60社、コンビニ8社が、納品期限を緩和したか緩和することを予定しているとのことです。

貧困世帯の支援のみならず、温暖化による異常気象が頻発する中で、被災者支援としても、フードバンクの重要性は増してきています。

「2019年秋の台風被害でも、私たちは現地のフードバンク団体と連携して、長野県や宮城県、埼玉県の被災地に食料を届けました。日頃の連携があるので、スムーズに支援物資を送ることができます」（米山さん）。

私たち、一般の市民も余計な食品を買いすぎない、家庭や外食で食べ残しをしない、フードバンクに寄付するなど、食品ロス・廃棄や、子どもの貧困をなくす取り組みに協力していきたいものです。

おわりに

この本をここまで読んでくれた皆さん、ありがとうございます。おそらく、今、地球の状況は大変深刻なものだとわかっていただけたものかと思います。

最後に私自身のことも、少しばかり語りたいと思います。私は、ジャーナリストとして活動し始めてまもなく、２００３年に中東のイラクという国で戦争があり、その取材に行きました。その経験の全てをここで書くわけにはいきませんが、戦争というものが、いかに非人道的なものか、罪のない、最も弱い存在こそ戦争の中で理不尽に苦しみ、死んでいくということを、幾度も行った現地取材の中で、まざまざと見せつけられました。そして、本書が出版される頃には、イラク戦争の開戦から17年が経とうとする中で、戦争が生んだイラク社会の混乱や分断、深い傷は、なお深刻であり続けることに、悲しみと怒りを感じています。

地球環境と戦争は、一見、あまり関係ないように見えますが、実は無関係ではありませんし、今後はそうした傾向が顕著になるかとも思えます。イラクは世界有数の石油埋蔵量を誇る国です。「OIL WARS（石油戦争）」と呼ばれたように、イラク戦争は、イラクが持つ化石燃料の資源を、米国が奪うために引き起こされた、という面も少なからずあったかと思われます。もし、もっと早くに太陽光や風力などの再生可能エネルギーが普及して、戦争をしてまで他国の資源を奪う必要がなかったら……そう思わざるをえません。

37万人以上が死亡しているとされるシリア内戦も、その要因の一つとして、地球温暖化があげられています。この地域での干ばつが食料危機を招き、それが現地政権への不満の高まりにつながったという経緯があるのです。

実際、中東各国の政権にたいして現地の人びとが大規模な抗議活動を始めた「中東の春」の取材で、私がエジプトを訪れた際、人々はパンを手にデモをしていました。「小麦の価格が上昇し、パンもろくに食べられない」、そうデモ参加者が憤っていたのが、印象に残っています。

もし、温暖化が進行し続けるのであれば、将来、

パンを手に庶民の窮状を訴えるデモ参加者ら

人類が奪い合うのは、石油ではなく、水や食料、安全な土地かもしれません。イラク戦争の取材を始めとして、この17年間、紛争地取材を幾度も行ってきてつくづく感じるのは、一度、戦争が起きてしまうと、社会を復興していくのは容易ではないということです。だからこそ、地球環境を守り、未然に戦争が起きるのを防ぐことが大事なのだろう、と思います。

この本を書きながら、グレタさんのように、世界の子ども・若者たちの地球環境への意識が変わっているのを、改めて感じました。それは、大きな希望だと思います。未来を担う世代の声に耳を傾け、彼女ら、彼らの行動を支えていくことが、大人たちの努めなのでしょう。私自身、地球環境のため、今後も発信を続けていきます。この本が、地球と私たち自身の未来のため、どんな些細なことでも、読者の皆さんが、何か行動を起こしていく上でのきっかけになってくれたら、と願います。人々が戦争に明け暮れ、自然を破壊し続ける世界から、自然が守られ平和な世界へと変わるなら、それは本当に素晴らしいことです。地球環境は今、大変厳しい状況にありますが、考えようによっては、世界のあり方をより望ましいものに大きく変革していくチャンスなのでしょう。

本書を書く上で、取材に協力してくれた環境ＮＧＯの皆さん、専門家の皆さん、本書の出版の機会をくださった、かもがわ出版の三井隆典さんに御礼申し上げます。なにより、この本を手にとってくれた読者の皆さんに感謝しております。ありがとうございます。

志葉　玲（しば・れい）

1975年、東京都出身。番組制作会社を経て2002年春から環境、平和、人権をテーマにフリーランスジャーナリストとしての活動を開始する。脱原発や自然エネルギー、生物多様性など環境問題について精力的に取材、雑誌やネットニュースなどで記事を執筆している他、イラクやパレスチナなどの紛争地の状況や、難民を拒絶する日本の入管行政などの人権問題についても発信を続けている。Yahoo! ニュース個人オーサー。『原発依存国家』（扶桑社新書）、『地球が危ない！』（幻冬舎）など共著多数、単著で『たたかう！ジャーナリスト宣言—ボクの観た本当の戦争』（社会批評社）、監修・解説で『自衛隊イラク日報　バグダッド・バスラの295日間』（柏書房）。

13歳からの環境問題
——「気候正義」の声を上げ始めた若者たち

2020年4月15日　第1刷発行
2020年10月7日　第2刷発行

著　者　©志葉　玲
発行者　竹村正治
発行所　株式会社かもがわ出版
〒602-8119　京都市上京区堀川通出水西入
TEL075-432-2868　FAX075-432-2869
振替 01010-5-12436
ホームページ http://www.kamogawa.co.jp
印刷　シナノ書籍印刷株式会社

ISBN978-4-7803-1082-5　C0036